Ecosystem Crisis in Japan

消える
日本の自然

鷲谷いづみ 編

〜写真が語る108スポットの現状〜

恒星社厚生閣

はじめに

　今、日本列島で進みつつある怒濤のような自然環境の変化を、本書のタイトルでは「消える」と表現した。都市で育ち、都市で生活する人口の比率が高い現代では、そのことに気づく人は少ない。しかし、こども時代を田舎で過ごした年配の方たちは、かつて、身の回りで普通にみられたゲンゴロウ、タガメ、メダカ、キキョウ、リンドウなどが今では絶滅危惧種になっていると聞けば、その変化が並大抵のものではないということを実感することができるのではないだろうか。

　サービス産業化が急速に進む経済状況において、地域の自然環境が地域社会における経済的な持続性に果たす役割は、今後ますます高まると思われる。その問題は第3章で説明するが、日本ではそのことへの認識がいまだ十分とはいえない。人口減少や高齢化問題とそれぞれの地域のたたかいは、健全な生態系と美しい自然、自然と共生する文化を盾に、都市に住む人たちに"援軍"を頼むより他に手はない。そのためには、どのような変化が起こったのか起こりつつあるのか、広範な人々が共通の認識をもつことが必要である。

　自然環境の急速な変化は日本だけではなく世界中に共通する問題だ。そのため、1992年の地球サミットにおいて、温暖化対策の「気候変動枠組み条約」とともに「生物多様性条約」が採択され、今日では190ヶ国が加盟している。

　日本も採択直後に生物多様性条約に加盟し、5年ごとの生物多様性国家戦略の改定もすでに3回を経た。2008年5月には「生物多様性基本法」が成立し、6月から施行されている。ここ十数年の間に、自然環境を保全し、必要に応じて再生することに対する意識が少しずつ高まってきた。それらが社会的にも意義のある活動として法的な位置づけを得たのだ。2010年には、生物多様性

条約の締約国会議の日本開催が予定されている。これは、日本がこの分野で世界に向かって「範」を示すよい機会である。生物多様性の保全と持続可能な利用によって、地域の環境と経済の持続可能性を高める確かなプランと実現のみちすじを示すことが必要だろう。

　日本列島の自然に何が起こりつつあるのかをしっかり見つめ、それが私たち自身、そして子や孫やひ孫の将来に投げかけている問題を明瞭に認識することが今求められている。そのための理解を共有するための一助とすべく本書の出版を考えた。

　著者を代表して、本書の本質をなす数々の貴重な写真や情報を提供してくださった皆様、そして、編集の労をおとりいただいた（株）恒星社厚生閣の佐竹あづささんとフリー編集者の大塚千春さんに深い感謝の意を表したい。

2008年7月 著者を代表して　鷲谷いづみ

目次

はじめに　　　　　　　　　　　　　　　　iii

1.日本の自然108スポットの現状　1

森林
（奈良県・大台ケ原、栃木県・日光、秋田県・森吉山など）　2

草原
（熊本／大分県・阿蘇くじゅう国立公園、長野県・霧ヶ峰高原、兵庫県・六甲山など）　14

湿地
（北海道・釧路湿原、宮城県・伊豆沼、群馬県・尾瀬アヤメ平など）　30

里地里山
（大分県・由布市、兵庫県・再度山、京都府・嵐山など）　44

川・湖沼
（秋田県・八郎潟、茨城県・霞ヶ浦、栃木県・鬼怒川など）　58

海岸
（千葉県・稲毛浅間神社、京都府・天橋立、愛知／静岡県・表浜など）　68

干潟
（長崎県・諫早湾、和歌山県・和歌浦、千葉県・谷津干潟など）　76

サンゴ礁
（沖縄県・石西礁湖、石垣島、宮古島）　88

海中林
（静岡県・伊豆半島東岸、宮城県・牡鹿半島北岸、北海道・知床半島沿岸）　98

2. 消えつつある日本の自然 105

森林——太平洋戦争後に激増した人工林と林業衰退の影響　106

草原——国土のわずか1％にまで落ち込んだ面積　118

 コラム・消える生物①——小さな自然の変化がもたらす生物の危機　128

湿地——6割以上が消失した湿地　132

里地里山——高度成長期以降激変した絶滅危惧種の宝庫　142

 コラム・ため池——絶滅危惧種が集中する"小さな池"　154

川・湖沼——生態系に狂いを生じさせる約3000ものダム　158

海岸——大都市周辺を皮切りに全国各地で進んだ海岸の改変　170

 コラム・消える生物②——50％以上の種が絶滅危惧種となった淡水魚　182

干潟——東京湾では90％以上、大阪湾では消滅した干潟　186

サンゴ礁——1998年以降続く大規模な白化　194

 コラム・植物の危機——消える日本の海岸植物たち　206

海中林——"海の森林"が完全に消滅した海底の増加　210

3. 生物多様性の危機 219

4. 私たちにできること 239

　自然環境と地域の再生にむけて　240

　国のとりくみ——知床にみる自然再生への道　244

　自治体のとりくみ——コウノトリが自然の力を取り戻す　248

　民間のとりくみ——市民の手で身近な自然を守る　252

　研究者のとりくみ——「サクラソウ咲く新しい里山の再生」ほか　256

参考文献　262

1

日本の自然108スポットの現状

開発による改変はもちろん、一見、自然豊かのように見える場所でも、実は、生態系が大きく変わっている場所は少なくない。日本の自然から、今、何が失われようとしているのか。この章では、日本全国の現状を、過去と現在の写真を比較しながら解説する。

森林

国土の67%を森林が覆う日本
しかし、シカの被害による原生林の消失や
林業の衰退による管理不足などで、
大きな問題が起きている。

1997年

1963年

原生林の衰退
奈良県・大台ケ原

写真下は、シカの食害にあった国立公園の大台ケ原のトウヒ林。草本植物だけではなく、次世代を担うはずの樹木の芽生えがシカに食べられ、ついには母樹となるべき大きな木の皮まで食べられて、枯死してしまった。そのために、本来あるべき原生林の世代交代は行われず、広い範囲で森が失われてしまっている。

写真／(上・左下)撮影・菅沼孝之
　　　(右下)提供・環境省近畿地方環境事務所

2004年

栃木県・日光

大台ケ原以外でも、シカの採餌により原生林の林床植物や湿原の湿性植物が失われる被害が続出している。次世代を担うはずの芽生えが食べられ、若い木の皮も食べられてしまうと、森の世代交代が行われず、広い範囲で森が失われる。この2点の写真もそうした変化の例だ。

写真／(右上・下)撮影・中静 透

1990年

2000年

群馬県・赤城山

酸性雨・大気汚染で枯れたとされる赤城山の森林。酸性雨とは、大気汚染物質により酸性化した雨や霧のこと。環境省は、日本では酸性雨と森林の枯死の因果関係は認められないとしているが、オゾン被害の可能性を指摘する研究者もいる。こうした枯死がある場所は、一部地域に集中している。

1980年代後半

栃木県・念仏平

下は、酸性雨・大気汚染で枯れたと指摘されている念仏平の針葉樹。酸性雨による枯死が疑われるという森林は西日本でも見られるが、首都圏に近い関東一帯に多い。依然、大気汚染の影響がぬぐえないとの説が残るのも、そのためだ。枯死が見られる場所には、他に丹沢などがある。

写真／(左上・下)村野健太郎

1990年代中頃

1998年

原生林の消失

新潟県・柴倉

左はブナの原生林。ブナなど広葉樹材を得るため多くの原生林が皆伐され、跡地に針葉樹が植栽されてきた（写真右上下2点）。ただ、積雪が2メートルを越えるような雪国の造林地では、幹が折れてしまったり、根元が湾曲してしまうことが多く、健全な成長は難しい。

写真／（見開き3点共）撮影・長池卓男

1999年

1999年

秋田県・森吉山

秋田県の中央部にそびえる森吉山にはブナの原生林が広がる。写真下は、ブナの原生林が切り開かれ（左）、栄養価の高い牧草で効率よく牛を育てるために放牧地に転換されたところ（右）。こうした転換は、生態系を森林とは全く異なったものに変えてしまう。

写真／（左下・右下）撮影・中静 透

1979年

1982年

長野県・カヤノ平

国有林では、母樹を残して原生林を伐採し世代交代させる天然更新施業が行われた。ブナの原生林で知られたカヤノ平でもそうした施業が行われた（左が伐採前、右が伐採後）。伐採後は元の原生林の姿をとどめておらず、高木が森を形作るまでには長い年数を必要とする。

写真／（左下・右下）撮影・中静 透

1978年

1982年

宮崎県・綾北川とその支流

原生的照葉樹林で知られる綾だが、一帯ではかつて人工林への転換が進められた（写真上は左岸が照葉樹林、右手は人工林）。下は綾北川沿いの現在の人工林。保護樹帯として筋状に残っていた照葉樹林も伐採された様子が見える。現在、こうした場所の照葉樹林再生プロジェクトが進行している。

写真／（上）撮影・石井正敏
　　　（下）撮影・河野耕三

1950年代

2005年

北海道・斜里町

現在は国立公園内となる写真の海に面した台地の部分では、大正時代に開拓が始まった。開拓前には原生的な針広混交林だったと考えられ、ミズナラなど巨木の森が広がっていた。1970年代の土地投機ブームで開拓跡地（薄い緑色の部分）が乱開発の危機にさらされ、当時の斜里町長が、全国からの募金により開拓跡地を買い戻し、アカエゾマツやミズナラなどの苗木が植えられてきた。今も再生作業が進められている。背後は知床連山。

現代

写真／(上)提供・斜里町

人工林と林業の停滞

新潟県・阿賀町

日本の森林はその4割が人工林だ。しかし、海外から安い木材が輸入されているために、収穫されないまま成熟した林が増えている。写真のスギの人工林もそうした場所の一つだ。林業の停滞で手入れをする人を失い、森林の生態系にも影響を与えている。

2008

写真／(上)撮影・紙谷智彦

滋賀県・大津市近辺

各地で、人の手が入らなくなり放置された竹林が森林を侵食。右は典型的な都市近郊の里山風景で、手前には水田が広がるこの場所では、竹が繁殖をはじめ、スギ林を侵食している。竹はスギより根が浅く、スギに水分が届かず樹木が枯れるなどの現象が起きている。

2001年頃

写真／(上)撮影・井上雅文

群馬県・赤城山

2008年

間伐が遅れた状態にある人工林の中は 厚いスクリーンを被せたような状態になってしまう。そのため、ほとんど植物が育っていない林もある。植物が育たない林には動物も住めず生物の多様性は著しく低下する。右の赤城山麓のヒノキ人工林もそうした場所のひとつ。

写真／(右)撮影・紙谷智彦

熊本県・球磨村

ほとんどの成熟した人工林が利用されないままになっている一方で、林業後継者がいないなどのために人工林を伐採収穫すると同時に林業に使われていた土地が放棄されるというケースが出現してきている。熊本県球磨村の植栽放棄地は地元の新聞で大きく報道された。

（下）出典・熊本日日新聞
2005年7月13日付朝刊1面

2005年

人吉球磨地方の伐採民有林
植栽放棄 500ヘクタール超
災害や環境悪化の恐れ

一定面積のスギ、ヒノキなどの森林をすべて伐採する皆伐後、新たに木を植え落とさない民有林が、人吉球磨地方で五百㌶を超えていることが十二日までにいわれた。一度に百㌶近く皆伐している例もあり、保水力の低下や表土崩落による災害や、球磨川から八代海にかけての流域環境の悪化につながりかねないとの指摘が出ている。

【25面に関連記事】

植栽地は拡大する恐れがあり、県林業地域振興局は今年三月末時点で確認した県内の未植栽地は約六百二十㌶。球磨村が最も多く二百三十七㌶、人吉球磨が全体の94％に当たる五百八十三㌶。このうち〇四年十月までにさがり町三カ所六十二㌶になっている。面積別にとどまり、五百三十二㌶は五十㌶以上の未植栽地

所は九十五㌶に上る。

県球磨地域振興局は「伐採した針葉樹の根は八～十年で腐り、土を固定しきれなくなる。集中豪雨時の土砂流出など災害につながる可能性もあり、水源かん養など森林の公益的機能が発揮できなくなる。急斜面では木がなかなか育たず天然林としての再生も進みにくい」と問題視している。

未植栽地が目立ち始めたのは一九九〇年代後半。木材価格の低迷から、森林所有者が大規模面積を皆伐する例が相次いだ。一度に大まらない全国的な課題」と話している。

植林された一定面積を皆伐し、新たに植林するのが原則だが、資金がかかるため、林業をあきらめる大規模経営者がいないので植林を放棄することが多い。

人吉球磨に集中している点について、九州大大学院農学研究院の佐藤宣子助教授（林策学）は「人吉球磨地方は、伐採時期を迎えた四十年生の森林が多い。木材比率が高いと分析。「植林を放棄した後、地域の林業の構造的な問題が現れており、地域にとどまらない全国的な課題」と話している。

約100㌶の森林が伐採され、植林されないまま放置されている山。伐採・搬出のために開かれた作業道の跡が山肌をむき出しにしている

薪炭林の人工林化とナラ枯れ

新潟県・魚沼市

1950年代からの半世紀は、広葉樹林を伐採し針葉樹林に変える「拡大造林」が急速に進んだ時代だった。かつて家庭用の木質燃料を供給していた薪炭林の多くは、その後人工林に転換された。写真は1980年代の新潟県守門村(現在の魚沼市)。

1983年

新潟県・佐渡市

主にナラ、シイ・カシ類からなる薪炭林(薪や炭を取る林)は、かつて市民生活のエネルギーを供給し続けていたが、近年化石燃料への転換により伐採されることなく成長を続け、最近ではカシノナガキクイムシによる枯れが広がり、北陸から東北にかけ年々被害地域が拡大している。

2007年

マツ枯れ

新潟県・新潟市

マツ枯れは1970年代に九州で発生、現在では秋田県まで北上している。薪が主要な家庭用燃料であった時代には、マツ類に限らず立ち枯れた樹木はすべて貴重な燃料として早々と伐採利用されていた。当時なら、これほどまでマツ枯れが拡大することはなかったであろう。

2006年

写真／(このページ3点共)撮影・紙谷智彦

13

草原

多くの日本の草原は、古くから人の管理により維持されてきた。手入れをされなくなった結果、樹林が広がるなど様相は大きく変貌している。

国立公園の草原

熊本／大分県・阿蘇くじゅう国立公園

写真は、阿蘇くじゅう国立公園の阿蘇山中央火口丘の北側山麓にある枳原野から杵島岳（写真中央）を望んだところ。遠景には杵島岳の中腹までスギの植林地が広がっている。阿蘇では昭和30年代より植林が目立ちはじめ、草原の管理の放棄により生じた広葉樹林を含め、現在ではかつての草原の大きな部分が樹林地化している。その他、国の事業により広大な人工的な草地が生まれた。

写真／(上)撮影・大滝典雄：
　　　所蔵・阿蘇グリーンストック
　　　(下)撮影・永原彰子

1955年

2008年

阿蘇の野焼き

草原は、定期的に草を焼く「野焼き」(火入れともいう)によって維持される。草原管理の人手不足を補うため、現在はボランティアが野焼きや輪地切り(草を刈り取った防火帯を作る作業)に参加。ボランティア活動は、今では地元にとってなくてはならない存在だ。写真上もボランティアなどによる野焼きの一場面。

草泊まり

かつての草原では、秋に農家が長い道のりを経て草を採りに草原にやってきて、泊まり込みで草を刈り冬に備えた。その期間、採草地近くで野営する「草泊まり」が行われた。写真はそれを再現したもの。阿蘇地方では、草泊まりは昭和30年代まで見られ、多い時には150戸あまりの農家がやってきたという。

写真／(上・下)撮影・大滝典雄：
　　　　所蔵・阿蘇グリーンストック

野焼きの中止

近年、阿蘇地方でも人手不足から野焼きをやめる牧野が増加。野焼きが継続されている草原では新緑が目に鮮やかだが、放棄された草原では立ち枯れたススキの茶色が目につく。また、野焼きをやめると、かん木が徐々に侵入してくる。上は、野焼き中止して10数年前後の場所。下は、中止して20年を経過した場所だ。

写真／(上)撮影・高橋佳孝、(下)撮影・大滝典雄：所蔵・阿蘇グリーンストック

島根県・三瓶山

三瓶山は1963年、美しい草原の景観が認められ大山隠岐国立公園に編入された。写真は、三瓶山の主峰・親三瓶の西側斜面を小屋原集落から望んだところ。山肌をおおう草原は採草地として利用され不定期だが火入れが行われていたが、現在はカラマツの植林地に変貌。かつての草原のわずか2割程度が残るのみとなっている。

1961年

1961年

2007年

2007年

三瓶山

昭和30年代の三瓶山では、あちらこちらで牛が放牧されていた。写真は、西の原と呼ばれる放牧場で、水たまりの周辺に放牧された牛と山の斜面の採草地が見える。現在は、カラマツやスギの植林地に変わり、外来種の牧草による人工草地化や放置による荒廃が進んでいる。しかし、一部の場所では火入れや放牧が再開され、草原の景観保全が図られている。

写真／（左上・左下）提供・大田市
　　　（右上・右下）撮影・高橋佳孝

昭和30年代

静岡／神奈川県・十国峠

風が強く樹木が生えない風衝草原特有の植物が生える十国峠付近から箱根峠や伊豆天城山方面の稜線部には今でも草原が広がる。しかし、国立公園の区域外でもある上の写真前景にある波打つ広大な草原では、1952年に十国峠で開催された全国植樹祭を皮切りにヒノキの植林が盛んに行われ、下の写真では景観の変化が見られる。

現代

写真／(上) 所蔵・国立公園協会
　　　(下) 所蔵・伊豆箱根鉄道

神奈川県・駒ヶ岳

駒ヶ岳山頂から中腹にかけては現在も一部に草原が残っているが、採草地などとして利用されていた芦ノ湖畔のススキ草原は、昭和40年代までにゴルフ場や別荘地に変わり、一部にはヒノキなどの植林が行われた（現在の写真の濃い緑色の森林）。一方、近隣の仙石原では残り少なくなったススキ草原の保全活動が続けられている。

昭和30年代

現在

写真／（上）所蔵・国立公園協会
　　　（下）所蔵・伊豆箱根鉄道

長野県・霧ヶ峰高原

霧ヶ峰高原の標高1500メートルを超える高さのところでは、約1000ヘクタールにおよぶ亜高山帯の草原が広がる。草原の起源は鎌倉時代といわれるが、戦後、牛馬の生産がなくなり利用されなくなった草原は放置されるようになり、樹木が侵入、森林化が進んでいる。草原を守るため、一部で樹木の伐採や火入れなどが行われている。

写真／(上・下)撮影・竹内 毅

1970年代

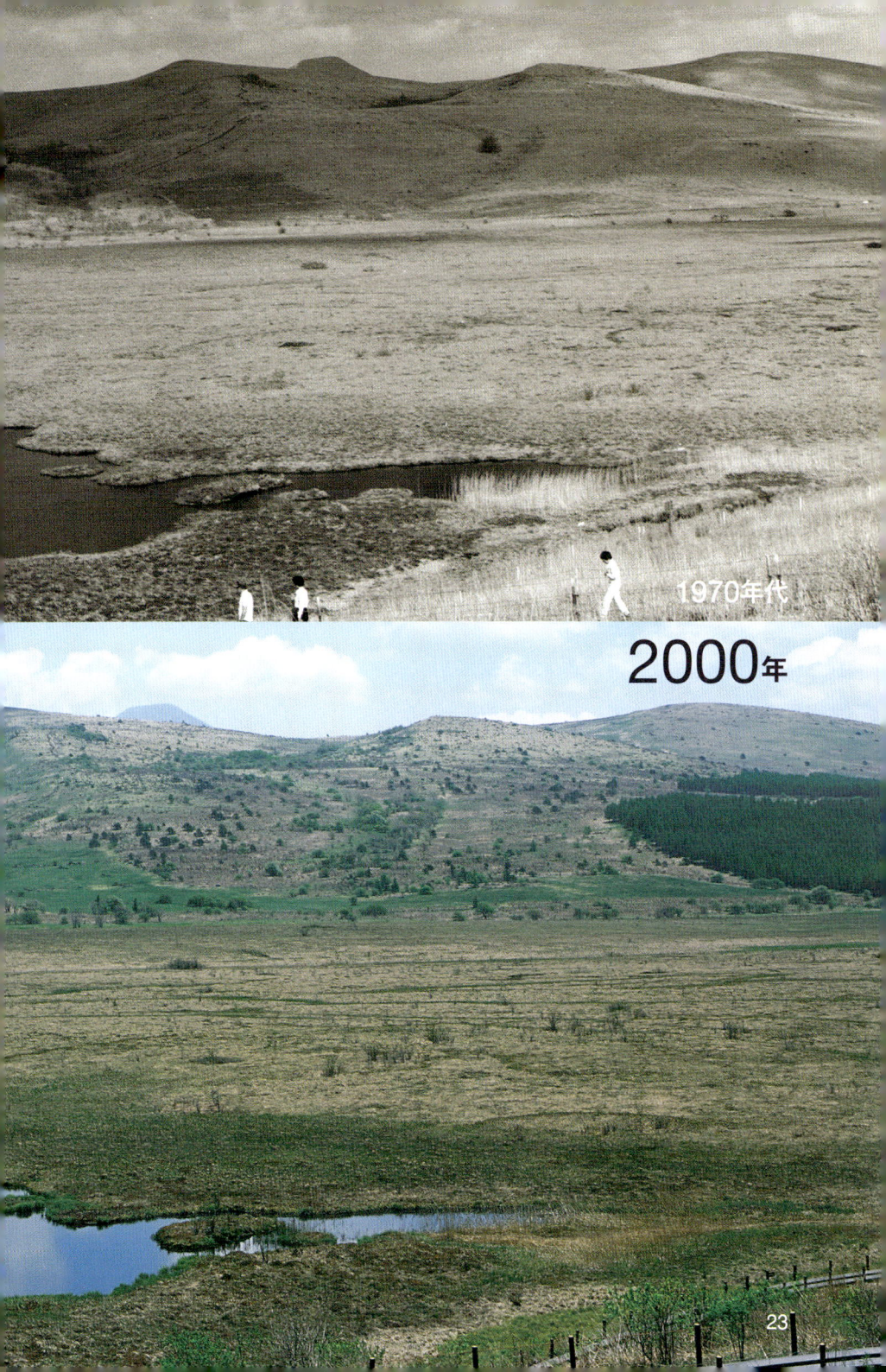

2000年

1965年

2004年

山地の草原
徳島県・落合峠

四国山地の東部・落合峠では、かつては初夏に山焼きが、晩秋に採草や樹木の伐採が行われ、一面にススキ草原が広がり、マツムシソウなど多くの草原性の植物が見られた。1960年以降管理をやめた結果、植生は大きく変化。草原性の植物は激減し、かつて山頂部に見られたススキ草原が消失。ササ草原化や樹林化が進行している。

写真／(上)撮影・三橋公夫
　　　(下)撮影・小串重治

1971年頃

2006年

鳥取県・若杉山

鳥取県三朝町の南方に広がる若杉山は、かつて主に放牧のための草地として利用されてきた。農業や生活様式の変化から約40年前に管理が放棄され、現在、草原はまったく利用されなくなった。標高が高く風雪の厳しい場所のため、標高が低い場所に比べ速度は遅いと考えられるが、アカマツや広葉樹の侵入による森林化が進んでいる。

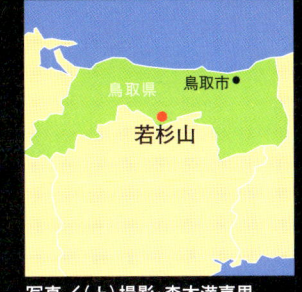

写真／(上) 撮影・森本満喜男
　　　(下) 撮影・横田閒一郎

里の草地

宮崎県・串間市

串間市は野生馬と草原が有名な場所で、平地以外の水田の周囲にもかつて日本各地にあったような小規模な草原が残る。左下は串間の肉用牛産地・笠祇地区の現在の姿。牛の飼料の採取や谷あいの田畑への日当たり確保のため、今も野焼きを継続している。だが、同じ串間でも奴久見地区（右下）では、30年前野焼きから山林火災になったことや人手不足で現在は管理を中止、植生は劇的に変化した。管理が続く笠祇地区では希少な植物が多い。

写真／（左・右）撮影・河野円樹

広島県・才乙尾根

右上は、集落の共同の放牧場だった島根県境・才乙尾根のススキ草原。現在は、戦後に植林したスギと自然に生えたアカマツに覆われている。尾根伝いには、放牧のための石柵がまだ残っているが、地元でも、ここに草原があったと知る人は少なくなってきた。

1956年

1998年

写真／（右上）撮影・伊藤秀三
　　　（右下）撮影・高橋佳孝

都市近郊の草地

兵庫県・六甲山

かつての六甲山系はハゲ山があったことでよく知られる(50ページ参照)が、文献によれば草地も少なからずあったという。海から撮影した明治期の写真に見える樹木のない山の中腹以上は、ほとんどそうした草地と考えられる(上)。全山が樹林に覆われた今の写真からは、まるで想像できない(下)。

写真／(上)所蔵：中川邦昭
(下)撮影・小椋純一

明治期

1990年代初期

1995年

花野の消失
山梨県・櫛形山

甲府盆地の西に位置する櫛形山は尾根に亜高山草原が広がる。最盛期には約3000万本のアヤメの花が咲き誇り、東洋一のアヤメ群落と賞賛された。しかし、上と全く同じ場所を写した下の写真ではアヤメが消失。ここは人手によらない自然が生んだ草原で原因はわかっていないが、一帯の草原ではススキの丈が大きくなり、かん木が生長し始めている。

●甲府市
櫛形山
山梨県

2006年

写真／(上・下)撮影・石原 誠

広島県・八幡高原

広島県芸北町(現在の北広島町)には、かつてあちこちに採草地や放牧地が見られたが、多くは姿を消した。写真上は、この地域にある八幡高原の採草地として利用されている頃の様子。今は希少な植物となったマツムシソウが咲き誇る。一帯では戦後、人工草地をつくり牧場を開設。それが閉鎖された後は荒廃し、一部は外来植物の群落に変貌している(下)。

昭和10年代

2007年

写真／(上)撮影：野田富示仁
　　　(下)撮影・白川勝信

湿地

水辺の生物にとって大切な湿地は、過去100年の間に激減。利用価値がない不毛の土地として干拓などの対象となってきた。

1947年

流域の開発と陸化・乾燥化

北海道・釧路湿原

釧路湿原は、農地からの土砂や栄養分が湿原に流入し、陸化が進行している。1996年までの50年間に湿原の20％以上が消滅した。また釧路市街地と接している湿原南部は、市街地が拡大し、宅地化されている。右は、釧路湿原の西に位置する釧路湿原展望台からの定点観測写真。陸化した環境を好むハンノキ林が拡大している様子が見て取れる。釧路湿原のハンノキ林は、1977年にくらべ、2000年の時点で2倍以上に拡大した。周辺の開発による土砂の流入や地下水位の変化で、乾燥化したことが背景にあると考えられている。しかし、ハンノキ林の拡大については、原因を特定するにはまだデータに乏しく、現在はまだ研究が進められている。

1988年

1997年

2008年

写真／（左上・右上）出典・国土地理院
　　　（下3点）環境省釧路自然環境事務所

2000年

2つの川の河口に限られていた釧路市街地が（写真左上）、河の下流域にある湿原に向かって拡大したことがわかる（右上）。蛇行して釧路川に注いでいた別保川（べっぽがわ）も直線化された。

北海道・ペンケ沼

1926～27年にペンケ沼の北西部に農業開発用の幹線排水路が接続され、土砂の流入が始まった。1947年の写真では北西部から排水が沼に注いでいる様子がわかる。その後、1968年にはこの排水路に新たな川が接続され、広くなった流域から流入する土砂の量も急増した。かつては300ヘクタール近くあった湖面だが、2006年の写真では、土砂が堆積して水面が半分以下になっている様子が見て取れる。100年後には消滅すると予想され、周辺農地の開拓も進んでいる。

写真／(2点共)出典：国土地理院

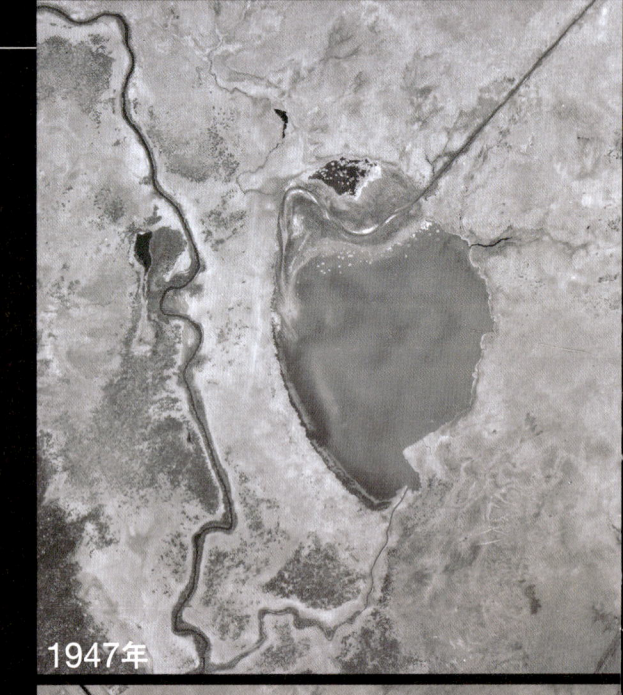

1947年

2006年

干拓による減少・消失

千葉県・和田沼

右下の1906年の地図に記された和田沼は、今は消えてしまった沼だ。（次ページの手賀沼の北西方向に存在した）。共同狩猟地だったこの沼では毎冬多数飛来するガンやカモを捕獲し、自然の資源として利用してきた。その光景は絵馬（右上・明治時代のもの）の中にも残されている。第二次大戦後完全に干拓され、現在は下のように全て水田に変わってしまった。

写真／(右上)提供・柏市教育委員会
　　　(中)出典・大日本帝国陸地測量部1/50000地図
　　　(下)出典・国土地理院

1906年

1989年

千葉県・手賀沼

かつての手賀沼は2800ヘクタールの面積を持つ大きな沼だった。右上の1946年の航空写真では、その形が「つ」の字のように見え、沼の東部には水草の群落が広がっているように見える。その後この部分を含め、次第に干拓が進み、沼の80％が失われた。1999年の写真では、沼の西部以外は水田に変わったことがよくわかる。

写真／（右上・右中）出典・国土地理院
　　　（左下）撮影・深山正巳
　　　（右下）撮影・時田賢一

舟引き網漁が盛んに行われていた湖面の多くが、水路だけを残し消えてしまった。

1946年

1999年

1953年

2007年

新潟県・福島潟

福島潟周辺の干拓は江戸時代から始まった。2枚の写真は下を北としているが、1952年の写真からは1966年の国営干拓に先立ち、福島潟の西部（写真右側）で潟の周辺部を干拓するための堤防工事始まっていることがわかる。国営干拓前後の1981年の写真と比べると、干拓により中央水面の北部以外は全て水田になったことがわかる。

写真／（右上）出典・国土地理院
（右中・左下・右下）
所蔵・新潟市豊栄博物館

1952年

1981年

点線で囲った部分は、かつての福島潟の範囲

潟から唯一流れ出る新井郷川(にいごうがわ)付近の風景も、福島潟放水路などの工事で大きく変わった。

1980年頃

現在

北海道・宮島沼

北海道の泥炭地の30％が集中する石狩平野で最大の美唄原野には、泥炭が最大10メートルも堆積している。この泥炭地を水田にするために、東京ドーム約50杯分の土が運び込まれた。その結果泥炭地は変貌し、1955年の写真の頃には現在の風景の原型が出来上がった。その後これらの土地は農地として整備・利用され、その中に宮島沼など幾つかの小湖沼が残され、水鳥たちの重要な生息地となっている。

1976年

■ 低位泥炭
■ 高位泥炭

出典：草野貞弘『美唄湿原の花』
（らいらっく書房、1981）掲載図を編集

1978年

1955年

1976年

写真／(左)所蔵・美唄市、(右)出典・国土地理院

1978年

2008年

■植生の変化

●宮城県・伊豆沼

かつては伊豆沼の岸沿いには、水辺の植物マコモの群落が多かった(上、1978年写真)。ここでは夏はオオバンが営巣、冬はハクチョウの大群が飛来し、この根茎を食べまたは休む姿がよく見られた。しかし1981、82年の夏の洪水でマコモの多くが流失し、その後マコモの群落もハクチョウの群れも激減してしまった。

写真／(左)撮影・川嶋保美
　　　(右上)撮影・呉地正行
　　　(右の下)撮影・進東健太郎

群馬県・尾瀬アヤメ平

「天上の楽園」と呼ばれる尾瀬・アヤメ平は、昭和30年代の尾瀬ブームで、多くのハイカーをひき付けた湿原だ。しかし、訪れた人々が湿原に立ち入ったため植物が踏み荒らされ、裸地化してしまった。昭和30年代の写真では、池の中の浮島や水際には植物が残るものの、その他の部分は地面がむきだしになっている様子がわかる。アヤメ平では、1960年代より木道整備（写真左下）や植生回復作業が始まった。写真左下とほぼ同じ場所を写した右の写真では、裸地はほとんど見えないまでに回復はしているが修復作業がいまだに続けられており、一度失われた植生の回復の難しさを物語る。

写真／（左の上）所蔵：国立公園協会
　　　（左下・右）所蔵：東京電力

昭和30年代

1960年代

現代

新潟県・佐潟

新潟市西部では、ほとんどの湖沼が干拓され、佐潟だけが残された。ここでは、潟普請と呼ばれる潟の保全と利用が地元住民により行われてきたが、これは湿地の賢明な利用の好例といえる。湧水があり、結氷しにくい佐潟は、厳寒期の水鳥の重要な生息地だが、その植生に変化が現れている。

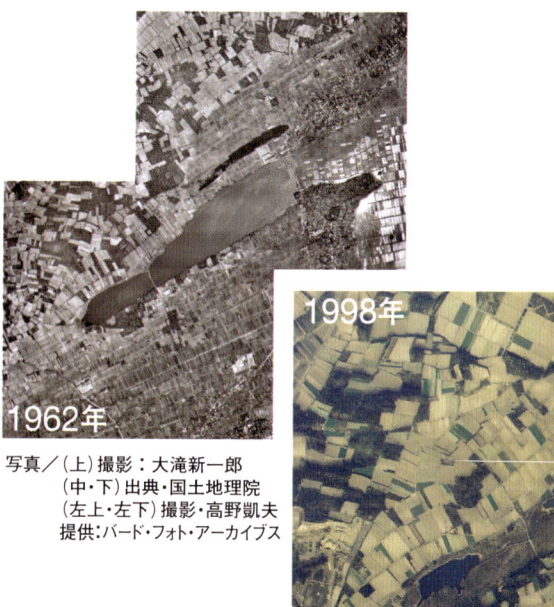

1953〜1955年

1964年

1965年

1962年

1998年

写真／(上)撮影：大滝新一郎
　　　(中・下)出典・国土地理院
　　　(左上・左下)撮影・高野凱夫
　　　提供：バード・フォト・アーカイブス

都市開発

新潟県・鳥屋野潟

鳥屋野潟は、新潟市街地のすぐ南にあり、新潟市役所からの距離は信濃川(画面左上)をはさんで3キロほどしかない。1947年の写真では市街地は信濃川をこえていないが、1998年の写真では、市街地が川を超え、アメーバーのように鳥屋野潟を取り囲んでいる様子がよくわかる。面積はあまり変わらないものの、周辺の環境は激変した。

写真／(上)新潟県環境課
　　　(下)出典:国土地理院

砂丘の谷間にできた佐潟だが、1998年の写真左下部分のようにヨシ、ハス、マコモの大型水草が水面を覆うようになってきた。

1947年

1998年

41

千葉県・宮内庁新浜鴨場周辺

新浜鴨場は、もともとは江戸川筋宮内庁御猟場の一角にあった。海岸線と平行して流れる旧江戸川と、川が増水した時に海に流す放水路に挟まれた低地帯と、その沖合いに広がる新浜干潟が、かつての御猟場の領域だった。当時は堤防沿いの高台以外に人家はなく、海岸沿いの新浜鴨場以外には人工物は何もなかった。このような風景は下の写真が撮影された第二次大戦直後まで続いたが、その後沖合いの干潟を含め、大きく変わってしまった。

1947年

1963年

1996年

点線で囲った部分は、かつての御猟場の陸地部分（御猟場全体は沖合いも含む）

写真／（上、右上）出典・国土地理院、
　　　（右下）撮影・平岡 考：提供・バード・フォト・アーカイブス
　　　（下2点）撮影・塚本洋三：提供・バード・フォト・アーカイブス

1969年

2003年

A地点より沖側をのぞむ

1958年

1959年

2003年

上はいずれも左の空撮A地点より沖合を眺めた風景。下2点は、1969年はB地点より沖合いを、2007年はC地点よりB地点を眺めたところ。

写真／(左上)撮影・高野伸二
(右上・下)撮影・塚本洋三
いずれも提供・バード・フォト・アーカイブス

43

2006年

里地里山

「里地里山」とは長い間、自然に人が関わることで育まれた、街と奥山の中間にある半自然環境のこと。
薪や炭をとるための林や水田、集落などのモザイク構造だが、近年の環境変化は多様な生物を絶滅に追いやっている。

山辺の里
大分県・由布市

1966年

大分県由布市庄内町の棚田の変化の様子。1960年頃は幅1メートルくらいしかない田もあった狭い棚田(写真右)が、今ではほ場整備で1枚が大きくなった(左)。
かつては、水路から灌水するのではなく田の畦を越えて下の田んぼに順々に灌水をしていたが、今はコンクリート灌漑排水路とパイプラインが敷かれている。また、大きな道路が敷設された。農作業は楽になったが、水路と田んぼを行き来する生きものや頻繁な草刈りと湿った日当たりのよい草地に生える植物には打撃となった。減反で植林地に変わったところも多い。

写真／(左・右)提供・読売新聞西部本社

滋賀県・仰木

写真／(左・右)撮影・相田 明

里の写真家として知られた今森光彦の写真集『里山物語』の撮影地・滋賀県大津市仰木。比叡山の麓の、すり鉢状の地形につくられた棚田の奥には琵琶湖が見える。かつての仰木地区の棚田は緩やかな曲線を描く小さな田だったが、徐々に整備が進み、今では多くが大きい「四角い田」になった。整備前の写真で手前から29枚目までが整備後は8枚に集約。1枚の田の大きさは以前の約3倍となった。そのため水路の形状や畦までの距離が遠くなり、小動物の移動に影響が及んでいる。そして現在、全国的に棚田に関する保全活動の機運が高まりつつある。

京都府・岩倉

岩倉盆地東部。写真中央よりも少し左方の山裾にやや大きな建物があり、その裏山など木々が密に生えているところが多い。左端に近い山裾や中ほどより右手の山麓には特に大きな木々の林が見える。社寺林だ。一方、写真の右手上方には、樹高が低く樹木密度が低いため山の地肌が見える山なみが続く。その付近では、かつてマツタケがよく採れた。このような山は以前の岩倉にかなりあったと考えられる。現在、山は全体的に高木の樹木で密に覆われ、地肌は見えない。あたりでは過去数十年でマツが激減、シイが大幅に増え、林相が大きく変わってきている。

1919〜20年

2008年

写真／(左) 所蔵・玉城一郎
　　　(右) 撮影・小椋純一

1994年　2008年

京都府・上世屋

1970年頃まで上世屋では、稲作中心の農業や里山の林の薪炭利用が行われていた。民家は豊富に分布するチマキザサを用いた笹葺き民家であり、ケヤキやアカマツなども用材として使われた。道沿いにモウソウチクなどをつかった稲木が続くなど、生活や生業と結びついた里地里山の姿が見られた。現在は近代化・過疎化で、農地の管理放棄が急速に進行。落葉広葉樹が主体となる里山林の大部分は利用されず、一部はスギやヒノキの人工林、竹林に変化した。また、ササ葺き屋根はトタンに覆われ、暮らしの変化が景観に現われている。

上世屋
京都府
京都市

1971年　現在

写真／（左）所蔵・京都府立丹後郷土資料館
　　　（右）撮影・深町加津枝

滋賀県・日野町しゃくなげ群落

鈴鹿山系の麓の鎌掛谷はチャートという硬い岩石を日野川の支流が削り取った谷である。通常500から1000メートルの山地に生育するホンシャクナゲが国内でこんな低い350メートル前後の標高で見られるところは他にない。氷河時代の名残りであって、かつて、近くの石切り場で働く人々の癒しの花見の対象でもあった。しかし、1931年以降、天然記念物として保護されることでシャクナゲより大きく育つ樹木の繁茂を招き、シャクナゲが覆われてかえって衰退の危機にある。

写真／(上・下)提供：日野町教育委員会

現在

1993年

広島県・灰塚ダム

写真／(このページ4点共)撮影・栗本修滋

1966年、旧建設省が広島県三次市三良坂町灰塚地区にダム建設を計画、40年後の2006年に完成させた。それまで、灰塚地区の住民は、日本海に注ぐ江の川支流の氾濫原で川と折り合いをつけて家屋や道をつくり、集落を囲む里山や耕地の中で生きてきた。この地のカタクリ(写真左上)などの「春植物」は野草のガイドブック記載されるほど有名だった。カタクリややはり春植物のセツブンソウ(写真右上)は家の裏山や墓地に自生しており、住民は、いつ草刈をすれば美しく花が咲くかを知った上で、草刈をして花を咲かせていた。

自分たちがいなくなると、手入れするものがいないくなって消滅することを心配し、水没予定地はもちろん、水没を免れる春の植物も土ごと全て自分たちの集団移転地に移植した(写真中央が移植作業、下のダムの写真右奥が移転地)。再建された産土神社の森と共同墓地周辺が移植地に選ばれた。親の眠る墓地や心のよりどころの神社に移植した植物は子供たちが手入れしてくれるはずと思ってのことだ。

1998年の春に移植してから毎年、カタクリなどの花の咲くころ、集団移転地の住民は元の集落を思い出しながら、カタクリ祭りを開催している。

兵庫県・再度山

六甲山系の再度山は、花崗岩が露出して氷山と間違えられたはげ山だった（明治後期写真参照）。六甲山砂防緑化の拠点で、もろい花崗岩の山肌に段々をつけることで浸食を防ぎながら雨水を保持する植栽の床をつくる技術が考案され、西日本各地のはげ山緑化に適用された。マツとともに、菌根共生でやせ地に耐えるハンノキ科のヤシャブシ類も六甲山の緑化に貢献した。しかし現在は、花粉症の原因となるため、徐伐も進んでいる。

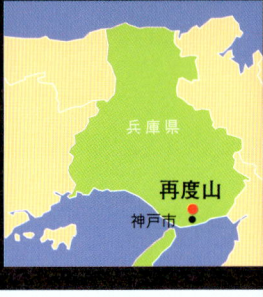

明治後期

1903年

1913年

現在

写真／（左上）出典：『リチャード・ゴードン・スミス日記』：
　　　　　所蔵・大阪青山大学・大阪青山短期大学
　　　（上中・右上・左下）提供：神戸市

愛知県・瀬戸市

通常の農用林としての利用に加え1000年も前から瀬戸物を焼くための陶土採取と薪の採取がなされた瀬戸・多治見は、著名な粘土質のはげ山の一つだった。明治にイタリア人ホフマンの指導で砂防工事が行われた。近くには土岐砂礫層のはげ山も分布、湧水湿地を中心に固有の植物が分布する。森林化はそうした固有の植物群の衰退を招いている。

1907年

1995年

写真／（左・右）提供・愛知県森林保全課

大正時代～昭和初期

（淺利書發行店）　日本百景

2008年

水辺の里

和歌山県・古座川

上は古座川中流域に位置する奇岩・一枚岩付近の風景を比較したもの。紀伊半島を流れる古座川はかつて清流で、夏場は海から遡上するアユがうようよ泳いでいた。里山では江戸時代から持続的に森林活用をしながら盛んに炭焼きが行われ、林産品や生活物資は川舟を利用して行き来した。第二次世界大戦後は生活様式が変化、流域に自動車道路が整備され、スギやヒノキの無理な造林で照葉樹林面積が激減、さらに上流に多目的ダムが設置されて流域が分断、水、生物、文化が激変した。その悪影響は河口や河口沖まで及んでいる。そこで、環境回復のための「古座川プロジェクト」が現在進行中である。

写真／（上）所蔵・和歌山大学紀州経済史文化史研究所
　　　（下）撮影・梅本信也

京都府・嵐山

保津川が渓谷を抜けて京都盆地に入る場所にある嵐山は、渡月橋が架かる著名な景勝地だ。山と川と平野という全く異質な自然の接点は、多様な要素から構成される里の美しい景観の原点といえる。亀山天皇（1259～1274）が吉野からサクラを取り寄せて植栽。サクラの名所としても知られる。1960年代はアカマツ林が美しかった（写真右下の川辺にも見受けられる）が、マツ枯れ現象などで植生が変化。現在はケヤキ、イロハモミジ林や照葉樹林に変化している。

1940年頃

1970年頃

2003年

写真／（このページ3点共）提供・京都大阪森林管理事務所

滋賀県・早崎内湖

琵琶湖へ流れ込む川の砂州が形成した小さな湖、内湖は在来魚の産卵場所でもあり、琵琶湖が透明度の高い貧栄養湖であり続けるためのバッファーゾーン。水田の排水などは内湖で浄化されてから琵琶湖へ流入する。

しかし、早崎内湖をはじめ、その多くが1940年頃から干拓で水田となり、1970年には早崎内湖は堤防で仕切られた（右下）。近年、その自然再生を図る動きがある。しかし、生態系を根本的に変えた堤防の課題は残る。

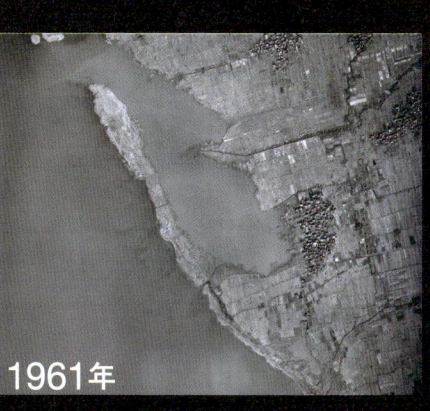

1961年

1975年

昭和30年代

現在

干拓前と後（左上と右上）。かつて内湖は、日本三大弁財天のひとつがある竹生島への船の発着場だった（左）。左の写真は1920年代半ばのもの。

写真／（上左・上右）出典：国土地理院
　　　（中左、中右、下）提供・早崎ビオトープ
　　　　　　　　　　　　　　　ネットワーキング

海辺の里

和歌山県・橋杭岩周辺

和歌山県串本町橋杭岩周辺地区。写真手前の紀伊半島側にある手前の里山は照葉樹林からなり、地区民が丁寧に管理し、薪炭や旬の山野草、生活資材を供給していた。第二次世界大戦後は生活様式が変化して里山は荒廃、逆に緑が必要以上に生い茂っている(写真右下)。串本湾を隔てて向こうに見える紀伊大島は火山性の地質だが、その台地状部分に良好な魚付林(魚の棲息・繁殖のための森林)を今も残す。この森は1970年前後には多くのマツ類をマツ枯れ病で失ったが、江戸時代初期から島の漁民が守ってきた貴重な財産である。この森を介して人々は多様な植物、哺乳類、鳥類、昆虫と共生している。

写真／(左下)所蔵・和歌山大学紀州経済史文化史研究所
(右下)撮影・梅本信也

大正時代〜昭和初期

2008年

和歌山県・西向海岸周辺

下は紀伊半島南端の西向海岸周辺の風景。現在、里域は開発され、相互に隣接する里海や里浜、里地、里山の関係は不連続的になった(写真右下)。防波堤、波消しブロック、自動車道路、川を横切る道路橋は典型的な現代の海岸風景だ。しかし、かつては白い砂浜、クロマツ防風林とショウロ、潮騒、ダイコン畑、そして木製の舟といった地域に根ざした景観要素が互いに調和していた(左下)。当時は半島南端にある串本湾南部を締め切る堤防はなく、写真奥手方向にある潮岬沖を流れる暖流・黒潮が湾内に自由に入り込み、沿岸域における四季折々の豊魚豊貝豊藻を約束していた。

写真／(左下)所蔵・和歌山大学紀州経済史文化史研究所
(右下)撮影・梅本信也

大正時代〜昭和初期

2008年

ため池

広島県・東広島市

ため池は、稲作に必要な灌漑用水を確保するため作られた水域で、高い生物多様性を持つ。瀬戸内海を取り囲む中国・四国・近畿地方にはため池が多い。ため池の数が全国で2番目に多い広島県の東広島市を中心とする賀茂台地は、同県でため池が密集する地帯の一つ。現在残るため池の多くは江戸時代以降につくられたものだが、写真もその一つで、伝統的な池の形をよく残している。水中には絶滅危惧種を含むたくさんの水草、堤防にはオミナエシやワレモコウなどの多様な草花が生育している。そうした東広島市でも、以下のように、埋め立て、改修、放棄、周辺の環境変化によりため池が変わりつつある。

写真／(このページ4点共)
撮影・下田路子

東広島市

1980年には、アカマツ林と竹林に囲まれた池の水面にジュンサイ、ヒツジグサ、ベニオグラコウホネなどが葉を浮かべ、現在では絶滅危惧種指定のイヌタヌキモ、ヒメタヌキモ、マルバオモダカも生育していた。1982年、池に接して、近くに移転した大学に通じる道路建設工事が開始されると、池の水は濁り水草の種類も量も年々減少。1990年に生育が確認できたのはベニオグラコウホネのみ。翌年、池は埋め立てられ周囲の農村景観も大きく変化した。

1980年

1990年

1991年

東広島市

丘陵地に谷をせき止めて7個のため池が隣り合って作られていた場所だが、池を取り囲んでいた森林が伐採され、最も上にあった2個の池は埋め立てられてゴルフ練習場ができた。背後の山林がゴルフ練習場に変わった写真の池では、水質と植生が短期間に大きく変化。水草の種類は工事開始後に減少し、1996年にはジュンサイが池一面に繁茂した。その後はヒシが増加し、やがてジュンサイに代わって繁茂するようになった。

1989年

1994年

2000年

サイジョウコウホネ

2000年

2002年

東広島市

サイジョウコウホネは赤いめしべが特徴であり、広島県の絶滅危惧種に指定されている。このため池はサイジョウコウホネの生育地として知られ、初夏の開花時には美しい黄色の花が新聞やテレビで紹介されていた。2002年に堤防の改修工事が行われ、工事期間中は池の水がほとんど抜かれていた。2007年の観察では、かつては池一面に群生していたサイジョウコウホネもヒシも全く見られなかった。工事期間中にサイジョウコウホネの保全対策が講じられなかったため、数少ない自生地の一つが失われてしまった。

写真／(このページ6点共) 撮影・下田路子

東広島市

水を供給する水田があってこそ、ため池は存在価値があり、利用や管理の対象となる。都市化の進む東広島市では、水を供給していた水田が住宅地となったため、放置されている池が各地に見られる。写真の池がその一例。この池には植栽されたスイレンのほか、絶滅危惧種のベニオグラコウホネなどたくさんの水草が生育していた。池が放置されて水をためなくなると、マコモ、ガマなどが池一面に繁茂し、水中の水草は姿を消してしまった。

写真／(右上・右下)撮影・下田路子

1994年

1996年

兵庫県・神戸市

兵庫県南西部は全国で最もため池密度の高い地域である。下は、神戸市西区神出の航空写真。1980年から1985年の間に農地整備が行われ、写真から、短期間に大きな変化が起きたことが見てとれる。1985年の写真には全周囲をコンクリート張りにした池も多く見うけられ、この時期にコンクリートを用いた近代的な工法によるため池の改修工事が盛んに行われるようになったと考えられる。

1980年　1985年

写真／(左上・右)出典・国土地理院

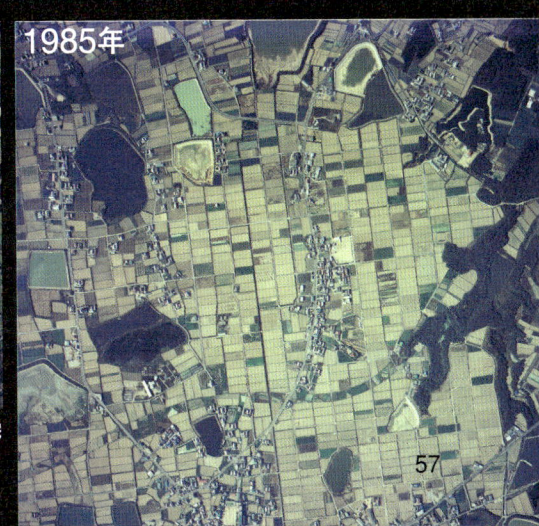

川・湖沼

日本は、世界的に川が多い国だが
ダムの建設などが
生物の存続を脅かしている。
また、湖沼も干拓などにより
大きく環境が変わってしまった。

湖の干拓

秋田県・八郎潟

浅い湖の大規模な干拓は、戦後の食糧増産の重視と土木技術の発展を背景に全国各地で進められた。日本第2の面積を誇った湖・八郎潟も、1958年から本格的に開始された干拓工事により広大な農地に姿を変え、1964年には「大潟村」が誕生した。上の写真には、かつては湖だった場所に、田畑が広がっているのが見える。

写真／(上・下)撮影・川辺信康

1957年

1992年

1977年

写真／（左上・右上）撮影・鴻野伸夫
　　　（左下）撮影・西廣淳

1970年

2008年

茨城県・潮来

水郷・潮来では、毛細血管のように張り巡らされた水路が、用排水・通行・日常の水仕事を兼ねる場だった。同時に、さまざまな魚類や両生類が水田と湖沼・河川を往来するための通路となっていた。ほ場整備により湖沼・河川、水路、水田が分断され、かつての身近な生物が減少。以前の水路は、左下の写真のように道路に置き換わっていった。

茨城県・霞ヶ浦

霞ヶ浦では過去に存在した砂浜や湖岸の植生帯が、1970年代以降盛んに進められたコンクリート護岸化により消失した（写真右上）。さらに、水質の悪化や水位の改変も、植生やそこに生息する動物の現象に拍車をかけた。現在、湖岸の植生帯を「再生」し湖岸の生態系を回復させる実験的な試みが進められている。2004年の写真の植生帯の下には実はコンクリートの護岸が埋められている。

写真／（右上・右中）撮影・西廣淳
（左下・右下）出典・坂本清
『目で見るふるさと霞ヶ浦
その歴史と汚濁の現状』
（崙書房）

コンクリート化以前に霞ヶ浦の湖岸に存在した砂浜（左下）や植生帯（右下）。

2000年頃

2004年

1955年

1974年

■川の変化——礫河原の消失・外来植物の侵入——

栃木県・鬼怒川

栃木県・鬼怒川の氏家・勝山城址付近の様子。栃木県のほぼ中央を流れる鬼怒川の中流には、洪水によって作られる丸い石と砂の混じった河原（礫河原）が広がり、カワラノギクやカワラバッタなどの河原固有の生物が見られる。しかし、流域のダム建設や河川改修が進むにつれ、河原が徐々に草地や林に変わりつつあり、最近では外来植物のシナダレスズメガヤが河原を急速に草地へと変えている。さらに河川敷の公園利用なども相まって、河原と河原固有の生物が著しく減少している。

写真／(左下・右下)所蔵・さくら市ミュージアム—荒井寛方記念館—
　　　(下)撮影・須田真一

1935年頃

1965年頃

2008年

長野県・天竜川

長野県・飯田周辺の天竜川。ここはかつて、植物のまばらな礫河原だったが、外来種の植物が広い範囲を樹林や草原へと変化させた(写真下)。礫河原を保つには洪水による攪乱と礫の供給が必要だが、上流のダム建設や川底の砂利採取などにより、これらが減少したことが、変化の主な原因だ。結果、礫河原に固有の在来の動植物の多くが絶滅危惧種となった。

写真/(上・下)提供・国土交通省天竜川上流河川事務所

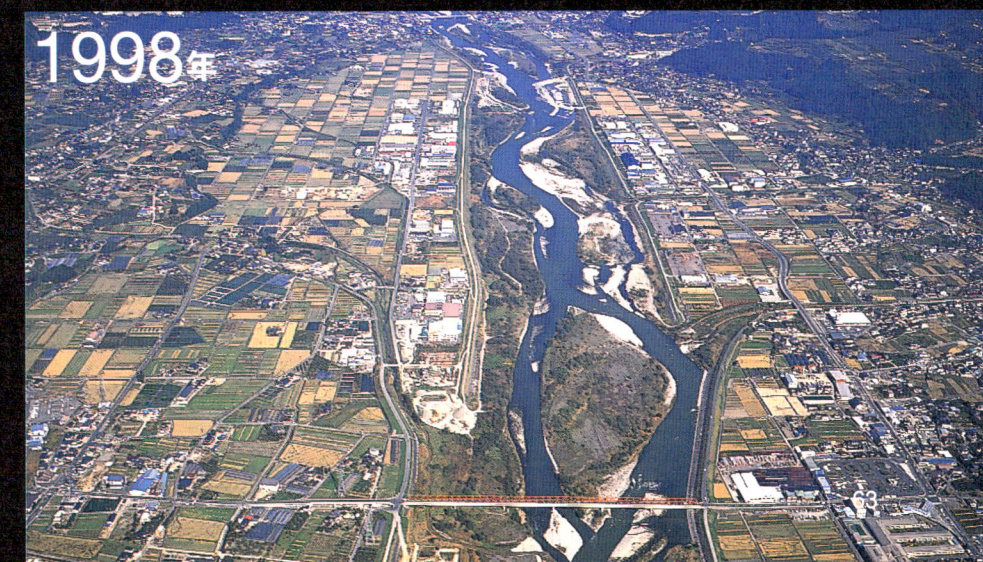

1987年

1998年

■ダム建設

沖縄県・羽地大川

沖縄本島北部の羽地大川流域には、多くの固有の動植物から構成される特有の生態系が存在した。特に河川中流に生息するトンボが豊富で、沖縄本島に生息するほぼすべての種が記録されていた。しかし、羽地ダムの建設（写真下）により、トンボの種数や個体数が最も豊富だった場所が完全に水没した。さらにダムの関連工事である林道の整備や公園の開設などによって、周辺の自然環境まで大きく変化してしまった。

1991年

写真／（上）撮影・須田真一
　　　（下）撮影・亀井清至

2007年

1986年

2005年

沖縄県・名蔵川

名蔵川は石垣島で2番目に大きな川で、その上流は自然林に覆われ、ほとんど人手の加わらない環境が維持されてきた。特に渓流性のトンボが豊富で、石垣島に生息するすべての種が記録されていた。しかし、名蔵ダム（写真右上）の建設による生息地の水没や周辺の林道の整備などによって生息範囲や個体数が著しく減少した（写真左上は建設以前のほぼ同じ場所）。さらにダム湖には侵略的な外来種のオオヒキガエルが大繁殖し、周囲の生態系に悪影響を及ぼしている。

名蔵川
白水の湿原
西表島
石垣島

沖縄県
白水の湿原

名蔵川の中流にはかつて、石垣島で最大の淡水の湿原が広がっていた。多種多様な水辺植物が生い茂り、水鳥やトンボなど水辺の生物の宝庫であった。しかし、名蔵ダムの建設に伴う河川改修や土地整備によって、現在では水田やサトウキビ畑に姿を変えてしまい、生きものに溢れた亜熱帯の湿原は完全に失われてしまった。

1984年

2008年

1984年

2008年

写真／(このページ6点共)撮影・渡辺賢一

■都市部の変化

1949年

東京都・善福寺川

善福寺川は、東京区部の西縁に位置する善福寺池を水源とし、杉並区内を西から東へ流れて神田川と合流する。この川は豊富な湧き水が特徴で、その環境に特有な生物相が見られた。都心に近いために農産物や薪炭の近郊の供給地として、流域の低湿地は水田、台地上は畑地や雑木林として利用されてきた。しかし、1950年代から急速に進んだ市街化と、それに伴う河川改修や湧き水の枯渇、生活排水の流入などに伴い、その環境と生物相は一変した。特に湧き水に依存していた生物はほぼ全滅に近い。

写真／(右上)所蔵・杉並区立郷土博物館
　　　(右下)撮影・須田真一

2008年

東京都・三宝寺池

東京西郊を流れる石神井川の水源の一つである三宝寺池には、1934年に国の天然記念物に指定された貴重な水辺植物群落がある。池の中の浮島は明るい湿地となっており、カキツバタの群生地として花見の名所にもなっていた。しかし、現在の浮島はハンノキ林に覆われて薄暗く、指定当時に生育していた水辺植物の多くがすでに失われた。さらに豊富な湧き水が枯れたことにより、池の生物相全体が大きく変化してしまった。

1930年代 → 1988年

1930年代 → 1996年

1996年

写真／(左上・上中)出典・『昆蟲界』vol.Ⅸ、No.90(
　　　(左下・下中・上)撮影・須田真一

■国立公園内の変化

長野県・乗鞍高原あざみ池

1987年当時のあざみ池は、中央部にわずかな水面がある以外は背丈の低いスゲやミズゴケ類に覆われた湿原であった。ここは本州では数箇所でしか記録されていない北方系の希少種、ホソミモリトンボの分布西南限地域の最も良好な生息地として知られていた。しかし、1990年に訪れてみると、水門が作られ、湿原は完全に水没していた。柵や案内板まで新設されていたことから、観光目的に「池らしく」見せるために行われたようだ。これによりホソミモリトンボは絶滅してしまった。国立公園内でも環境や生物に無配慮な「開発」が行われた一例である。

写真／(右・下)撮影・須田真一

1987年

1990年

68

海岸

島国の日本は、世界でも有数の
長い海岸線を持っている。
しかし、コンクリート護岸と埋め立てで
自然海岸はわずかに残るばかりとなった。

埋め立てによる海の減少

千葉県・稲毛浅間神社

安産・子育ての守り神を祀る千葉県・稲毛の浅間神社は、地元民でにぎわう神社だ。かつては海の中に鳥居があり、毎年7月15日の夏の例大祭の日には、船桟橋を渡り神社へと向かう親子連れが行列をつくった（上）。現在は、約2.6キロ先まで埋め立てられ、写真下の様に、当時、海の中にあった鳥居は国道14号線沿いの同じ位置に残る。例大祭の日には、国道の車を止め、人々が鳥居から神社へ向かう姿がある。

昭和30年代

2003年

写真／(上)撮影・林 辰雄、(下)撮影・白井 豊、
いずれも所蔵・千葉県中央博物館

1935年

消えゆく砂浜と保全のための突堤建設

京都府・天橋立

天橋立（あまのはしだて）は、細い砂嘴に7000本を超える松が生育する風光明媚な景勝地で、日本三景の一つとして知られている。しかし、近年砂浜の消失が続き、最終的には砂嘴そのものがなくなる危機に直面した。そこで砂浜に直角に人工突堤を無数に建設して砂浜の浸食を防止したために、砂嘴は全体がのこぎり状を呈してしまった（写真下）。

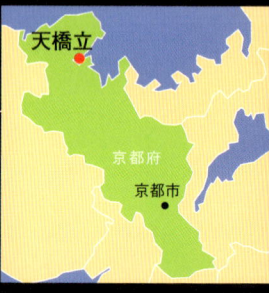

写真／（上）所蔵・京都府立丹後郷土資料館

現在

1980年

茨城県・鹿島神向寺海岸

日本の海岸では砂浜の消失が各地で続いている。茨城県鹿島海岸では、場所によって年間数メートルの砂浜の後退が起こっている。2点の写真はわずか6年間に沖合に広がる砂浜がなくなり、砂浜後背地に建っていた建物が崩壊の危機にさらされた茨城県・鹿島神向寺海岸の様子。これを防ぐため、ここでは写真下のように砂浜の保全を目的としたコンクリートブロックを設置した。こうしたコンクリートブロックが日本の海岸を取り囲んでいる。

写真／(上・下)提供・茨城県土木部河川課

1986年

海岸埋め立てによる開発と道路建設

香川県・屋島壇ノ浦

瀬戸内海が都市化・工業化で大きく変貌しはじめるのは、1960年代の高度経済成長期以後だ。1962年の全国総合開発計画、新産業都市建設促進法などにより、埋立て地が増大した。屋島壇ノ浦の古戦場の海は1960〜80年頃の乱開発で埋め立てられ、もはや海が大部分なくなってしまった。

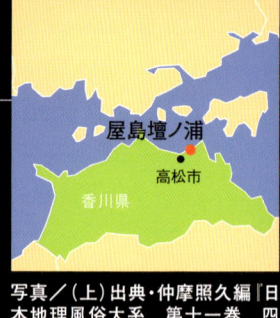

写真／(上)出典・仲摩照久編『日本地理風俗大系　第十一巻　四国及瀬戸内海篇』(新光社、1930)
(下)撮影・権田英定

1930年以前

2007年

広島県・呉市（上）
広島県・広島市（下）

2組の写真は、西広島における、海岸の改変の様子を伝える。上2点は、呉市倉橋東の変化。道路より海側では、かつてイワガキや海藻などがとれたが（右上）、道路が拡張。今ではとれなくなってしまった（右中上）。下は、広島市南区出島の変化。以前は沖あいにアマモなどの海草が生えていた場所だが（右中下）、埋め立てにより消失してしまった（右下）。

写真／撮影・脇山 功

1995年
2008年
1996年
2007年

進む海岸の人工化と生物への悪影響

沖縄県・嘉陽海岸（上）、石垣島（下）

海岸が主として防災を理由に、次々とコンクリート護岸で固められている。護岸が海を人々から遠ざける結果となり、海とその生きものへの関心も失われつつある。また、陸と海のつながりもコンクリート護岸によって遮断されてしまった。近年、傾斜護岸によって人々と海のつながりを復活させようとする試みがなされているが（写真下）、砂浜をコンクリートで固める結果となってしまったところも多く、疑問が持たれる。

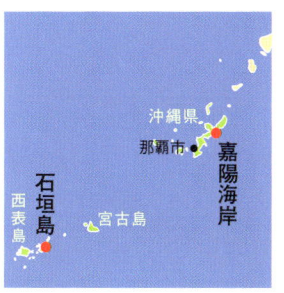

写真／撮影・向井 宏

2007年
2006年

愛知／静岡県・表浜

ウミガメ類の産卵は広い砂浜が必要だ。写真では砂浜上部のコンクリートブロック設置により、上陸したウミガメが産卵に適した砂浜上部に到達できず、何度も上部へ上がろうと試みた様子が砂浜に残された這い跡に残る。このケースでは最後のブロックにあたったところで産卵したが、そこは満潮時には水没してしまう場所だった。こうした悲劇が各地の砂浜で繰り返され、ウミガメ類の減少を招いている。

2005年

表浜に産卵に来るのは写真のようなアカウミガメだ。

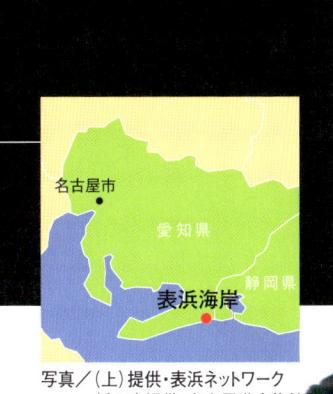

ダム・砂防ダム建設による海と陸の断絶

北海道・ベカンベウシ川

海岸がやせ細る現象は、陸からの砂の供給と海への砂の流出のバランスが崩れたことが原因だ。砂の供給を減少させた最大の要因はダムや砂防ダムの建設である。写真下は、河川改修の全くなかった湿原を流れる小河川（ベカンベウシ川）の上流、トライベツ川（写真上）に建設された巨大砂防ダム。現在は、ダム本体にスリットを入れて川の機能を損なわないように改良が施された。

写真／（上）提供・表浜ネットワーク
（左下）提供・名古屋港水族館

写真／撮影・向井 宏

2001年

2006年

干潟

1997年4月、長崎・諫早湾の堤防締切による干潟消滅は人々の記憶に新しい。
諫早だけではなく、日本全国の干潟は大きくその面積を減らしている。

陸地への変貌

長崎県・諫早湾

諫早湾の干潟はかつてムツゴロウの宝庫で、ムツ掛け漁師が入漁料を払って漁をしていたほど資源が豊かだった。左の写真はそんな時代の光景だ。ムツゴロウ以外にも、アゲマキ採りが行われ、潮が満ちているときは刺し網などで魚も捕っていた。右の写真は、締切り後3ヵ月経った干潟。無数のハイガイの殻が散乱。現在は干拓地となり広大な畑地となって、馬鈴薯・玉ねぎ・牧草などが育てられている。

写真／(左・右)撮影・中尾勘悟

1987年頃

1997年7月頃

1993年頃

諫早湾

干潟の秋を彩る植物シチメンソウの群落は、昭和50年代から年々拡大してきて、平成に入るとかなりの面積を占めるようになっていた。シチメンソウの群落のなかには、多数のカニ類が生息していて、ガン漬けの材料になるシオマネキやアリアケガニを捕りに遠くは佐賀県白石や芦刈からも人がきていた。閉め切られて2年目には、シチメンソウは消えて干上がった干潟に誰が撒いたのか菜の花が咲いていた。シチメンソウ群落があった場所は、今は畑地となっている。

写真／(3点共) 撮影・中尾勘悟

1999年

2008年

1985年頃

2007年

写真／(左・右)撮影・中尾勘悟

諫早湾

雲仙市吾妻町牛口上空より写した諫早湾。この海岸の集落では、100戸近い所帯の半分は漁業に携わり、あとは農業と畜産を営んでいた。以前あった干潟は砂と礫（れき）混じりで、沖まで車や徒歩で入ることができた。画面外だが写真右左奥が干拓地。集落の前や元の船溜まりは埋め立てられた。

写真／(左・右)撮影・佐藤正典

1994年

2006年

諫早湾

左上は、諫早湾の本明川の河口にあった白浜桟橋。閉め切られた広大な諫早湾干潟の北部に位置する。ここは、海水と淡水が混じり合う汽水域だったが、潮受け堤防の内側に位置していたため、堤防の閉切によって干潟部は干上がり、干潟の生物は全滅。今は草に覆われている。少しずつ地面から塩分が抜けていき、陸の植物が侵入しているのだ。川の部分は淡水化してしまったので水面下でもかつての生物は全滅した。

千葉県・幕張周辺

かつて東京湾の一番奥の千葉から浦安にかけては広大な前浜干潟があった。干潟にはアサリなどの二枚貝が多く生息し、機械力に頼らない漁業も盛んに行われた（写真右下）。二枚貝は海水中のプランクトンを食べることで海水を浄化、それ採取することで産業と地産池消が成立していた。下の幕張のビル群に代表される埋立てによる都市化で、こうした機能は消滅した。

写真／(右)撮影・林 辰雄：
所蔵・千葉県立中央博物館

2008年

昭和30年代

1907年頃

和歌山県・和歌浦

明治末頃までは河口域にヨシ原が広がっていたが、大正時代に埋め立てられたらしく、現在では住宅地となっている。ヨシ原の消失によりシオマネキ（鉄砲蟹などと呼ばれ親しまれていた）が絶滅したことはわかっているが、他にもヨシ原に特徴的に見られる生物種が多数絶滅したと考えられる。

● 和歌山市
和歌浦

和歌山県

2003年

写真／(上) 撮影・岡村宗助
　　　(中) 出典・『わかやま干潟観察ガイドブック』(2003)
　　　　　　提供・わかやま海域環境研究機構
　　　(左下・右下) 古賀庸憲

今はいなくなったシオマネキを描いた、和歌浦の土産として売られていたせんべいと、シオマネキ（右）。

昭和30年代

掘り下げられた干潟

千葉県・出洲海岸

かつて出洲の海岸は、遠浅の干潟が続き、千葉市では稲毛に次ぐ潮干狩りや海水浴の場としてにぎわい、東京方面からの小・中学生も遠足に来ていた。下の現在の写真は、昭和30年代の写真で上奥の川崎製鉄が、当時とほぼ同様に見える位置から撮影したもの。現在は、干潟は掘り下げられ、港湾として整備されている。

写真／(上)撮影・林 辰雄、(下)撮影・白井 豊：
　　いずれも所蔵・千葉県立中央博物館

1999年

変質した干潟

千葉県・谷津干潟

谷津干潟は、東京湾奥部の前浜干潟の一部だったが、周辺の埋立てで囲まれてしまった（1970年代の写真）。現在、東京湾と水路で繋がることで、干潟環境がかろうじて維持されている。残された干潟に多くのシギやチドリ類が訪れ、重要な湿地として世界的にも認定されているが、干潟生態系の維持に不可欠な淡水や土砂の供給がなく、保全に向けた対策が求められる。

1962年頃

写真／（上・下中）提供・習志野市教育委員会
　　　（下）撮影・石川 勉：
　　　　　提供・バード・フォト・アーカイブス

1963年頃

1970年代後半

現在、谷津干潟では春から夏に書けてはアオサが大繁殖し、干潟環境を悪化させるだけではなく、近隣住民からの悪臭苦情も出る様になった。原因については環境省を中心に調査中だが、泥の流失による干潟面の低下、淡水流入の低下による塩分上昇などが考えられている。

三番瀬

谷津干潟と関係の深い東京湾の干潟・三番瀬の姿。三番瀬の泥干潟の部分ではカキが大繁殖し、巨大なカキ礁をつくっている。カキ礁では付着生物や岩礁性の生物が多くなり、泥や砂の干潟生物がすみにくくなり、生物相が大きく変化する。

和歌山県・池田浦

田辺湾内の干潟群として環境省の重要湿地500に選定された小さな干潟の一つだったが、住民の生活道路確保を理由に干潟域を埋め立てコンクリート護岸が作られた。批判を受け工事の途中で計画は変更されたが、半分を超える干潟が消失した。正確には何が絶滅したは不明だが、単純計算でも干潟生物が半数未満に減少したと考えられる。

写真／(下2点)古賀庸憲

2007年

2008年

失われた営み

千葉県・奈良輪

干潟では漁業ばかりではなく釣りなどの市民による利用も盛んだった。干潟に脚立を立てて行うアオギス釣りはかつて東京湾の風物詩で、よく知られた東京湾奥部の浦安ばかりではなく、中央部の奈良輪でも行われており（写真右）、湾内で広く楽しまれていたことを物語っている。干潟は京葉工業地帯として埋立てられ、アオギスは東京湾からは絶滅した。

1964年

写真／(右)撮影・林 辰雄：所蔵・千葉県立中央博物館

痩せゆく干潟

千葉県・小櫃川河口

川から運ばれる土砂は海岸に溜まり、海に向って塩性の湿地や浅場をつくりあげる。しかし、ダムや護岸造成により河川管理が進んだことで土砂の供給が減少。その結果、干潟や湿地は海に向っての成長が止まり、逆に土砂の流出による浸食を受けている。塩性湿地をもつ東京湾唯一の小櫃川河口の三角州も浸食が進行。左下は浸食を受けた現在の様子だ。

写真／(左下)風呂田利夫
(下2点)出典・国土地理院

1965年

2001年

86

千葉県・検見川

干潟ではアサリやハマグリだけではなくエビやカニなどさまざまな生物が棲息していた。東京湾奥部に位置する検見川でのこの写真は、「エビマキ」と呼ばれる道具を曳きながらゆっくり後退、砂にもぐっているクルマエビが表面に見えてきたところを、手づかみでとる漁の様子。干潟の消失は、さまざまな漁法やその産物としての味覚を失うことも意味する。

昭和30年代

写真／(右)撮影・林 辰雄・所蔵・千葉県立中央博物館

神奈川県・相模川河口

写真右上では、中央の杭列の向こう側が200メートル四方ほどの干潟になっていた。右下では、砂州が上流側に移動して杭列を埋め、干潟が消滅した。干潟がなくなったのは、台風によって砂州が流されたことが原因であるが、その背景としてダムの建設などによって上流部からの土砂の供給が減ってきたことが影響している可能性がある。

写真／(右上・右下)浜口哲一

1982年

2005年

宮城県・蒲生干潟

蒲生干潟(写真右2点の中央部、海だった部分が砂などで隔てられてきた「潟湖」である蒲生潟の周辺域)では、1970年代には蒲生潟から現われていた潟中央部や、奥部の入江の干潟が、近年、出現しなくなっている(写真右下)。現在、飛来が少なくなったシギやチドリ類の回復を図るために、1970年代に出現していた干潟の復元計画が進められている。

写真／(右上・右下)提供・宮城県

1977年

2000年

サンゴ礁

世界的な地球温暖化の影響を
真っ先に受けているのがサンゴ礁だ。
日本のサンゴ礁でも、サンゴの死滅が進行している。

1998年
2007年

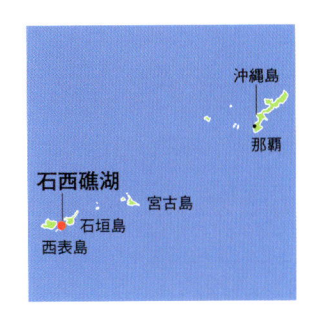

サンゴの白化

沖縄県・石西礁湖

石垣島と西表島の間に位置する石西礁湖は、日本で最大のサンゴ礁だ。海温の上昇により、日本のサンゴ礁は1998年の夏に大規模な白化被害を受けたが、石西礁湖も例外ではない。写真は石西礁湖の同一箇所（潮通しのいいパッチリーフ）を撮影したもの。パッチリーフとは海底から海面すれすれまで立ち上がった小山のようなサンゴ礁のこと。1998年（上）では白化は部分的だったが、その後2000年代の3度の白化被害により、死滅した（写真下）。

写真／（上・下）撮影・岡本峰雄

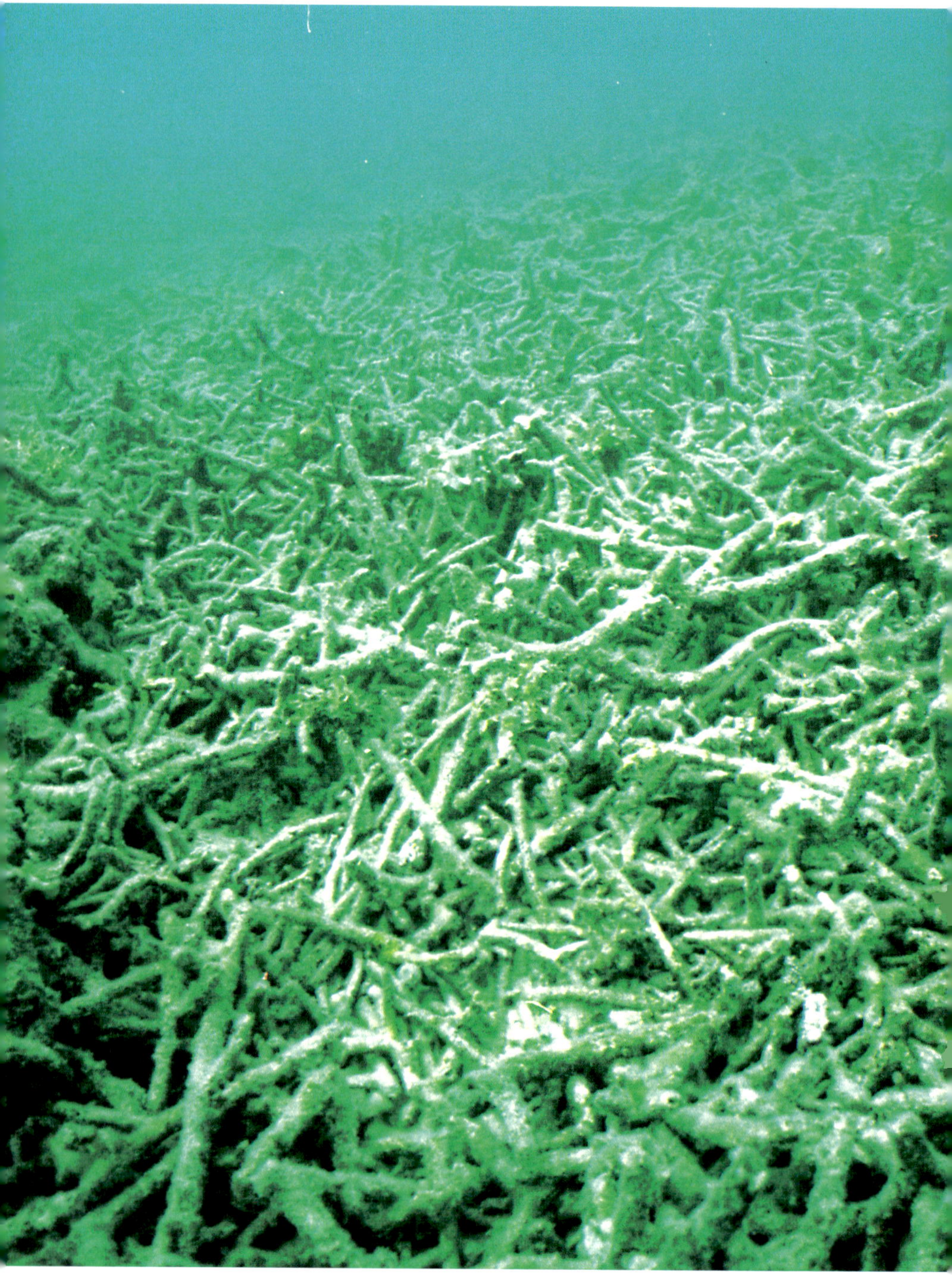

2007年

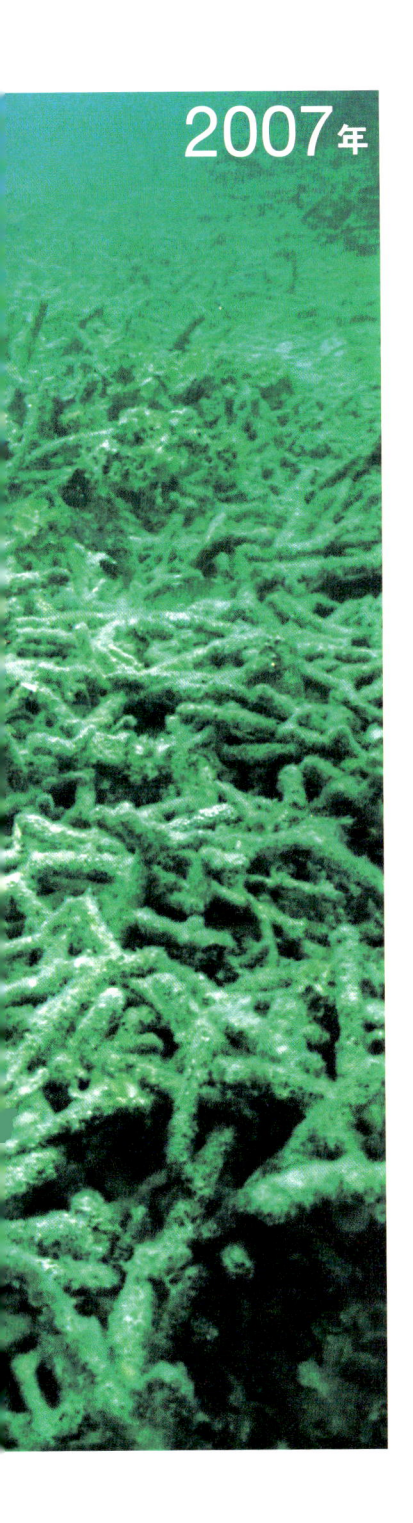

1996年

石西礁湖

写真下は、石西礁湖内の砂地の海域に繁茂する大型の枝サンゴの群集(樹枝状ミドリイシ群)。1998年の白化で最も打撃を受けた場所の一つがここで、サンゴは全滅。その後、少しずつ枝がくずれてガレキとなって海底を覆っている。一度白化したサンゴでも復活する場合もあるが、写真左のように2007年の時点でも回復の兆しはない。

写真／(3点共)撮影・岡本峰雄

2007年

1998年

石西礁湖

2点の写真は、潮通しのいいパッチリーフの側面にあるテーブルサンゴの状態。1998年に部分的な白化が見られたが（下）、続く2001年、2003年、2007年の白化被害で死滅した（上）。ガレキ化したサンゴは台風や高波によってサンゴ礁の上を移動し、若いサンゴの生育に影響を与えている。

写真／（上・下）撮影・岡本峰雄

石西礁湖

上は、1998年の被害を受けた海域（閉鎖的なパッチリーフ）。中央にテーブルサンゴのハナバチミドリイシが見えるが、死滅はしていない。このハナバチミドリイシは、その後、4回の海温上昇にも耐え、生き残ったが（2008年写真）、周囲のサンゴは全滅している。

写真／(3点共) 撮影・岡本峰雄

1998年

1998年

2008年

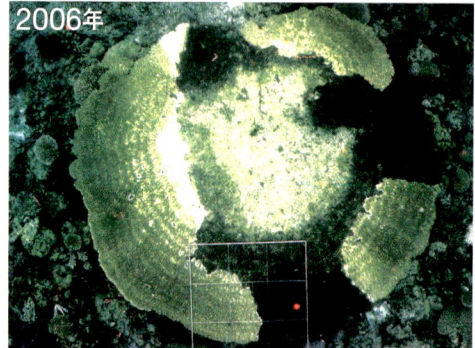

石西礁湖

左上は1998年からの3回の白化に耐えて生き残った直径3.3メートルのハナバチミドリイシ。潮通しのいいパッチリーフの上面にある。その後、2006年には、ホワイトシンドロームという病気で一部が死んで藻類に覆われ黒変(写真中、方形枠部分。枠は1メートル×1メートル)、その後、2007年の白化で死滅。台風の影響で破損した。(写真下の棒は1メートルのもの)。

写真／(3点共)撮影・岡本峰雄

2007年

流出物などの被害

沖縄県・石垣島

サンゴの衰退に影響を与えるのは、海温の上昇ばかりではない。写真下は、石垣島・南西にある名蔵湾のミドリイシ類の群集を2005年に写したもの。白化から回復したサンゴだが、名蔵川からの流出物と台風の被害で衰退。2007年には、上のような状態になってしまった。

写真／(上・下)
撮影・岡本峰雄

2005年

2005年

2006年

2008年

オニヒトデの食害

沖縄県・宮古島

宮古島の北東にある大神西離礁のサンゴ（小型樹枝状ミドリイシ）は、1998年の白化で一度全滅したが、すぐに再生（写真左上）。しかし、2006年10月には、サンゴを餌とするオニヒトデが発生（写真左下）、大きな被害を受けた。写真上では、死んだサンゴに藻類（ラッパモク）が繁茂している様子がうかがえる。

撮影／（4点共）撮影・岡本峰雄

オニヒトデ

海中林

普段は目にする機会の少ない海中林だが、
光合成による高い生産力を持つ。
だが、貴重な海の"森林"は、
「磯焼け」という現象で、
今、大きな範囲で失われている。

2002年

2005年

1990年

海中林の消失

静岡県・伊豆半島東岸

伊豆半島東岸は「磯焼け」という言葉の発祥の地だ。「磯焼け」とは、海藻が減少・消失し不毛となる状態のこと。ここでは1900年から6回、この地域の主な海藻の一つであるカジメの海中林消滅が記録されている。特に1990年代以降頻発。写真でも回復期（2002年の写真）をはさみ、1990年と2005年の大規模消失の一端が見て取れる。地球温暖化の進行が動物相の熱帯化もたらし、アイゴ・ブダイなど海藻を食べる亜熱帯性魚類の食害が進行した結果とみられる。

写真／(3点共)提供・静岡県水産技術研究所伊豆分場

1983年の航空写真で海中に黒く影のように写っているのがアラメという海藻の海中林で、2008年の写真では白波の合間に透けて見える海底の色が明るく、海中林の著しい縮小がわかる。潜水調査によって、83年には水深8メートルまであった海中林は水深1メートルまで縮小したことがわかった。

宮城県
牡鹿半島北岸
仙台市

写真／（上）撮影：谷口和也
　　　（下）提供・朝日新聞社

1983年

2008年

北海道・知床半島羅臼沿岸

オホーツク海から知床半島、根室半島を経て、釧路に至る沿岸は、毎年流氷の影響を受ける。流氷は、この沿岸海底に毎年生態学的攪乱を起こし、コンブを豊作に導く。写真上は、1990年代前半の羅臼沿岸水深3〜5メートルの景観。高級品「羅臼昆布」ともなるオニコンブが大部分を占め、スジメも生育していた。しかし、流氷が接岸しない年が続いた2000年頃には、写真下2点のように、ヒバマタ目褐藻や小形海藻が生育する海域が増加した。

1982年

2007年

写真一番上の牡鹿半島1982年7月の水深5メートルの海底ではアラメが繁茂。中央の2007年7月の同箇所では海中林が消滅している。下も同じ海域の様子。

1991年

2007年

1988年には、この沿岸水深5メートルの海底にアラメ海中林を造成するために海藻礁を設置し一時生育に成功したが（1991年の写真）、2007年にはアラメが消滅、代わってエゾノネジモクの生育が見られた。アラメは寒流系の海藻で、エゾノネジモクは暖流系の海藻なので、牡鹿半島の海藻は暖流系化していることがわかる。

写真／（上5点）撮影：谷口和也

1990年

2000年頃

2000年頃

写真／（3点共）提供・石亀正則

秋田県・八森町岩館沿岸

この沿岸は、秋田音頭にも歌われているようにハタハタの世界最大の産卵場として有名だ。1982年頃まではスギモク、ジョロモク、ヤツマタモク、マメタワラなどヒバマタ目褐藻の海中林が形成され、産卵場として機能していた。その後、漁港防波堤の増築によって主に米代川から供給される漂砂が堆積し、1990年代には岩礁が埋没、海中林が消滅した（1994年の写真）。産卵場の消滅は、ハタハタ資源に大きな打撃を与えたと考えられている。

写真／（上）撮影・渋谷和治、（下）撮影・中林信康

1982年

1994年

和歌山県・美浜町三尾沿岸

この沿岸は1980年代まではアラメやカジメ海中林が形成され、年間20トン近いアワビの漁獲がある優良な漁場だった。1993年1月撮影の水深11メートルの海底にはカジメ海中林が見られる（写真左上）。しかし、1990年頃から近隣の日高川から大量降雨時に濁水が大量に流入するようになってからは（写真左下）、海中林は消滅し、現在アワビはほとんど獲れない。

2000年9月には同沿岸海底に海藻礁を設置し、海中林の造成が図られた。しかし、空撮写真にある人工島の南側（写真下方部）ではカジメ海中林が形成できたが、三尾沿岸では不成功に終わった。写真左は2002年6月の濁水流入後の水深6メートルの海藻礁の状態。濁水の砂泥などによる物理的損傷が原因だと推定される。

1993年

2001年

2002年

徳島県・海部郡阿部沿岸

温暖化による海藻植生の変化は、アワビの漁場として知られる徳島県海部郡阿部沿岸でも見られる。1985年2月の水深5メートルの海底にはアラメが繁茂していたが（写真左下）、同じ場所で2007年10月に撮影の際には、アラメは著しく衰退、ヤツマタモクなどが大きな部分を占めていた（写真右下）。アワビは海藻を食べて育つが、アラメなどコンブ目褐藻がヤツマタモクなどヒバマタ目褐藻の約2倍の成長をもたらすため、アワビ漁への影響が懸念される。

1985年

2007年

写真／（上左・上左の下）提供・村尾敏一、（上右）撮影・谷口和也、（下左・下右）撮影・小島 博

海中林造成の問題

北海道・寿都湾

崩壊した海中林を修復し、維持管理するための技術開発は、沿岸漁業を守り育てるためにも重要だが、温暖化により元来地域に生息した海藻の造林が困難な場所もでてくる。磯焼けが50年近くも持続している寿都湾ではウニが過剰に海藻を食べてしまうことが磯焼けの原因だとの仮説をたて1990年10月にウニを除去。写真左下のように除去前には磯焼けの状態だったが、除去の4ヵ月後2001年2月にはエゾヒトエグサが生育するなど（写真右下）、順調に海中林が育成した（2003年写真）。しかし、かつてこの海域に多く生育していたホソメコンブの生育は認められなかった。対馬暖流の流量増加が続くことで、生育する海藻が暖流系化したためだと考えられている。

写真／(3点共) 撮影・吾妻行雄

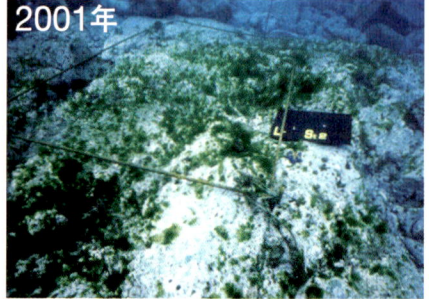

1997年

2001年

2003年

2

消えつつある日本の自然

森林

多くの貴重な原生林を失うのとひきかえに、
増加した大量の人工林は、**利用されず手入れも進まない**。
さらにマツ枯れ、ナラ枯れ、シカによる**食害**など、
日本列島の森林生態系は急激に変化している。

文/紙谷智彦・新潟大学大学院自然科学研究科

　日本列島に人口が少なかった縄文時代の森は、人の影響が及んだ現在の森とはずいぶん異なっていたらしい。東日本の冷温帯はブナやトチノキなどからなる落葉樹林が、西日本の暖温帯はシイ・カシ類などからなる常緑樹林が、平野近くまで広く覆っていたと考えられている。そのような原始の森に接して住む人々は、多くの生きものを育む豊かな森や川に支えられて暮らしてきた。冬から早春にかけての狩猟、春の山菜摘み、夏の川魚釣りやサワガニ取り、秋には木の実やキノコ刈りなど、原始の森は恵みの森であった。住居の近くに生育する木は薪にして燃料として使い、薬となる植物は民間薬として現代でも使われている。シナノキの樹皮やカラムシのような草の繊維からは衣類が作られてもいた。山村に暮らす人々は、縄文の昔から数千年にわたって森の恵み（＝多様性）を生かしながら、独特の文化を育んできた。
　このような原始の森は、人が手を加えなくても、森自らが世代交代を繰り返してきた。日本は毎年多くの台風が上陸するので、森のあちこちで少しずつ木が立ち枯れ、根こそぎ倒れ、また、幹が折れ

2. 消えつつある日本の自然

たりもする。梅雨時には山地の渓流は時に土石流が走り、川縁の木々はなぎ倒される。そのような森におきる撹乱は、世代交代のきっかけとなる。それまで空を覆っていた木が倒れ、ぽっかり空いた孔からは直射日光が差し込む。暗い森で耐えていたさまざまな植物は成長を始め、土の中で眠っていた種子は目を覚ます。孔の下には様々な植物が競いあいひしめきあって花を咲かせ、種子をつくり、子孫を残す。枯れた木には昆虫が産卵し、孵化した幼虫を狙ってキツツキ類が枯れ木に孔をあける。立ち枯れた木に空いた孔は、リスが越冬に利用し、コウモリのねぐらやフクロウの巣穴としても利用される。巨木の根元にあいた大きな穴ではクマが冬眠するだろう。このように原生林の多様な生きものは、森自らの世代交代の営みの中で育まれ、森林の生態系を形づくるとともに、山村に暮らす人々にとっては生活の糧でもあった。現在そのような原始の森は、人里離れた奥山にごくわずか残るのみとなってしまった。

　これまで原始の森はさまざまな土地利用の目的で切り開かれてきた。農耕が始まり定住化が進むと人里に近い森は、炊事や暖房のための薪の生産や肥料として使う落葉の採取地としても利用されていた（109ページ写真参照）。人口が増加するとともに薪の生産も増加し、里地に近い原始の森は薪や炭をとる薪炭林に姿を変えていった。近代になって炭焼きの技術が発達し商品化されるようになると、薪炭林は人口が集中する都市への燃料供給基地になっていった。

　このように多様な生物を育む原生林はまた、山に暮らす人々には欠かせない存在であったが、人口の増加と経済活動の活発化にともなって、急速にその面積が縮小していった。なかでも建築材生産のための針葉樹人工林への転換は日本の森林景観を大きく変えた。奥山では原生林が伐採された後に自然の世代交代を応用した「天然更新」も行われてきたが、元の原生林に近い姿には容易に戻らないだろう。さらに農耕地や放牧地などへの転換では森林そのものが失われていった。（天然更新については、後で説明する。）

太平洋戦争後急速に進んだ「拡大造林」

　建築用の木材を生産する林業地では、古くからスギやヒノキなどの針葉樹を植えて育ててきた。そのような伝統的な林業は日本の各地で行われていたが、大規模な林業地はそれほど多くはなかった。日本に人工林が激増したのは太平洋戦争後の復興で木材需要が高まり、木材の価格が高騰してからである。同時に紙の需要も増大したためにパルプを製造するための原料としての広葉樹の需要も高まった。そのために1950年代から天然林を伐採し広葉樹を収穫するとともに、針葉樹の人工林に変える「拡大造林」が急速に進んだ（111ページグラフ参照）。対象となった天然林の多くは、かつて家庭用燃料の供給基地でもあった民有の広葉樹林（薪炭林）であったが、国有林では多くの原生林が皆伐され、スギ、ヒノキ、カラマツなどが植栽された。とくに林業に適した温暖多雨の西日本では多くの造林地が作られた。挿し木で作られた同じ遺伝子をもつ苗木が低山の頂まで植えられた造林地では、均質な森林景観になった。一方、積雪が2メートルを越えるような雪国の造林地では、植栽されたスギが折れたり曲がったりする被害が続出した。柱など建物の構造材を作るための人工林では、曲がって成長した木は役に立たず、折れてしまっては全く使いものにならない。このような造林地には、伐採前の原生林で再生途上にあった若いブナなどが生きのびて、植栽された針葉樹と混交した林も珍しくない。

原生林が再生するまでの道のり

　原生林は台風などの自然攪乱で大木が倒れたり立ち枯れたりすることによって世代交代の契機になる。人が木を植えることなく森自身が世代交代をする場合は「天然更新」と呼ばれる。原始の森では、人手を経ることなく営々と天然更新が続いてきた。一方で、原始の森の広葉樹は木材資源としてパルプの原料や家具材に加工するために、大量に伐採利用されてきた。伐採収穫された後は、スギなどの

2. 消えつつある日本の自然

田畑周辺の森林を上手に利用してきた新潟県・秋山郷の集落

針葉樹が植栽されたが、多雪地のように針葉樹を植えても育ちにくい土地では天然更新に任せる場合もあった。ただし、放置しておいたのでは、次世代の樹木の成長を阻害するような低木やササが密生してしまうので、それらを刈り取るような管理がなされた。このような森林管理の方法は「天然更新施業」と呼ばれる。原生林を対象とした天然更新施業では、天然更新に必要な種子を作る母樹の残し方と樹木が切り倒される土地の位置関係などによって、さまざまな方法が考案されてきた。8ページ下の写真はブナ林で用いられてきた方法のひとつである。伐採後は原生林の姿はとどめておらず、高木が森を形作るまでには数十年、原生林に近い姿に戻るまでには数百年は必要だろう。

少なくなった平地の森

　山国である日本は、平野が少ない。そのために、平地や緩い斜面に成立していた多くの森は、農地を造成するために開墾され、さら

に住居のための土地などにも転換されていった。その結果、日本では平地の森が極めて少なくなってしまった。平地に限らず山地であっても森から別の用途に転換される場合もある。傾斜が緩い台地上の土地は畑や牧草地、さらには牛や馬の放牧地としても利用されてきた。比較的なだらかな地形が多い東北地方にはかつて軍馬を育てるための広大な放牧地もあった。8ページ上の写真は、秋田県森吉山のブナ林が皆伐され放牧地に転換された例である。伐採される以前はブナの原生林であったが、栄養価の高い牧草で効率良く牛を育てるために森が切り開かれた。牛や馬は有毒な植物を食べない。そのために放牧地では特定の植物が残り、さらに牧草として特定のイネ科草本が育てられるので、森林とは全く異なった生態系に変わってしまう。

　一方、同じ森吉山で森林を伐採せずに森の中で牛が飼われていたことがあった。牛に森の植物を食べさせる林間放牧（林内放牧）である。高木が枯れて世代交代が始まったブナ林は明るくなり、しばしばササが密生する。そのような密生したササは高木の世代交代を妨げる。ところが牛は若いササを好んで食べるので、林内が放牧地として利用されるとササの下で抑制されていた樹木の実生が盛んに成長する。林内放牧によってブナ林の世代交代が促進されたという研究報告もある。

　山村にはかつて萱葺きの屋根が普通に見られたが、その材料となるススキを育てるためのカヤ場と呼ばれる草原もあちこちにあった。カヤ場では近くの森林から風に乗って運ばれてくる樹木の種子が芽生え、成長すると新たな植生へと移り変わる。そのために定期的に火入れが行われ、森への遷移が妨げられた。現在では、このようなカヤ場はほとんど残っていないが、一部は観光用のワラビ園に転換されて管理されている場合もある。

過剰なシカによる原生林植生の衰退

　シカなどの大型野生獣による森林被害は1980年代から徐々に増

2. 消えつつある日本の自然

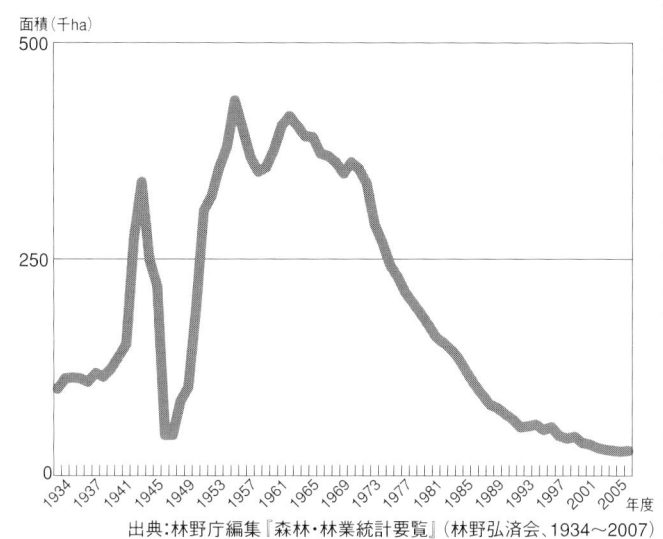

造林面積の推移

出典:林野庁編集『森林・林業統計要覧』(林野弘済会、1934~2007)

シカによる森林被害面積の推移

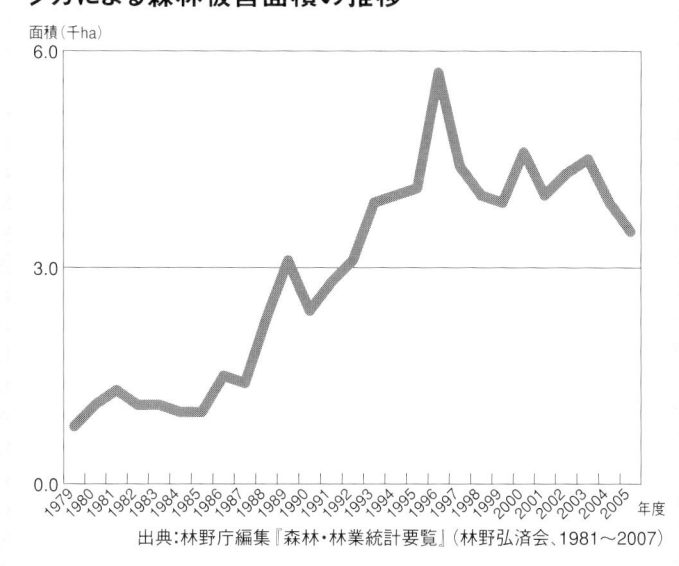

出典:林野庁編集『森林・林業統計要覧』(林野弘済会、1981~2007)

え始めた。1990年代に入ると急激に増加し、近年では毎年4000ヘクタール程度の森林被害が記録されており、里地の農業被害も含めて大きな社会問題になっている（111ページグラフ参照）。かつてのシカによる被害は低山域に限られていたが、年とともに奥山にまで及ぶようになってきた。そのために比較的標高の高い自然公園として保護されている原生林の林床植物や尾瀬などの湿原の希少な草本植生に害が続出している。シカの採餌が激しくなると草本のような背丈の低い植物だけではなく、大きな木の皮まで食べられるようになる。この皮の下にある水分や養分を移動させる組織（維管束）が食べられてしまうと、樹木は枯れてしまう。次世代を担うはずの芽生えが食べられ、若い木の皮も食べられてしまうと、原生林の世代交代は行われず、広い範囲で森が失われてしまう。枯れた森の跡にはシカが好まない有毒植物のミヤマシキミやシカに食べられても背丈が低くなって生き延びるミヤコザサなど、限られた種類の植物のみが生き残ることになる。多くの種類の植物が減るとそれらに依存していた昆虫が減り、昆虫や木の実を食べていた小哺乳類も生きてはいけなくなる。そして、その小哺乳類を餌としていた猛禽類も生息できなくなる。その結果、森に依存し相互に関係を持って生きていた多くの生物は消えてしまうことになる。さらに有毒植物さえない土地では、すべての植物が食べ尽くされてしまうので、土が剥き出しになる。そのために強い雨が降ると森林の表土が流れ出す危険性もある。

伐採されずに残る人工林の問題

1970年代から急速に増加した植林で日本の森林には多くの人工造林地ができた。37.8万立方キロの国土に占める林野（森林や自然草地）の面積は25.1万平方キロなので、林野率は66.5％になる。そのうち人工林の面積は10.4万平方キロなので、森林の41％が人工林ということになる。これは国土の27％にあたる。つまり、日本の土地の4分の1は人が1本1本植えた木で作られた森ということになる。

これらの人工林は太平洋戦争後の急激な木材需要を背景として作られたものだった。ところが、1970年代後半に木材の輸入制限が緩和されたために海外からの輸入量が急増すると、一転して木材価格は下落し続けた。建築材に使える大きさに育ったにもかかわらず収穫すると採算割れを起こす状態になったのである。その結果、建築材が生産できる大きさに育ったにもかかわらず、人工林の多くは伐採されないまま成長し続ける状態になってしまった。

防災面でも問題となる森林管理不足

人工林では、植栽された若木が野生植物との競争に負けないように、下刈り、ツル切り、除伐が行われ、成長が進むと植栽された木の混み合いを緩和するために間伐が行われる。雪国ではさらに若木が積雪で倒れるのを防ぐための雪起こしも加わる。これらの手入れが省略されると、植栽された木は低木やササの下になってしまうために著しく成長が遅れ、成長しても幹の曲がりによって建築用の木材としては利用しにくい形状になってしまう。ところが、このような手入れが必要な生育途上の若い人工林でさえも、管理の遅れは珍しいことではなくなっている。林業からの収益が期待できないために、林業後継者が育たないのである。植栽された木の収穫が後継者に引き継がれる林業では、長期にわたって安定した収益が確保できなければ、子から孫へと世代を超えた森林経営は困難なのである。

管理が行き届かない中でも、とりわけ間伐が遅れた状態にある人工林は、生物多様性の保全のみならず山地防災という観点からも深刻である。林全体が均しく混み合った状態が長期にわたって継続すると、林の中に直射日光が入り難くなる（11ページ写真参照）。なかでも挿し木で増やされた苗木が植栽される場合、遺伝的に同じ性質をもった木の集団（クローン）が森をつくることになる。そのような林では、木が大きくなっても優劣がつきにくく、森は厚いスクリーンを被せたような状態になって、木と木の間から直射日光が入らなくなってしまう。そのために、林の中にはほとんど植物が育た

ないこともある。植物が育たない林には動物も住めなくなるので、林全体の生物多様性は著しく低下する。そのような人工林では雨滴が植物に緩衝されることなく土壌をたたくので、急な斜面では表土が浸食される恐れもある。

広がる植林放棄地

　ほとんどの成熟した人工林が利用されないままになっている一方で、林業後継者がいないなどのために人工林を伐採収穫すると同時に森林経営が放棄される場合がある。また、土地の所有者と植林のための費用を負担する県などが、収益を分け合う契約をしていた場合には、木材価格にかかわらず契約期間の満了とともに伐採収穫されることになる。しかし、国内で生産される木材の価格が安すぎるために、伐採し運搬するためにかかる経費を差し引くと十分な収益が得られない。そのために人工林が伐採された後に再び植林されることなく、林業に使われていた土地が放棄されるというケースが目立ってきた（12ページ参照）。

　人工林が収穫後に植林されずに放棄された場合、土中に蓄積して長い年数眠っていた種子が目覚め、また、近くに生育する植物が作った種子が風に運ばれて、芽生える。その結果、それまでの植林地とは異なる新たな植生が形成され、年数の経過とともに、優勢な植物は順次交代する。ただし生育してくる植物の種類や優勢な植物が交代する速さは、伐採地の広さや周辺にどのような種類の森林が隣接しているのかによって大きく異なる。伐採地が小面積で隣接して自然林がある場合には、自然の樹木が作った種子が伐採地に落下したり、森の動物が自然林から種子を運んできたりする。この場合には、伐採地は自然の森に似た姿に戻り、自然林の植物が戻ってくるであろう。しかし、伐採地が大面積で、その周囲にも人工林が広がっているような場合には、芽生えてくる植物は風に運ばれやすい種子や胞子で増えるシダ植物が中心になってしまう。したがって、大面積に広がる人工林地帯の伐採地は、長期にわたってススキやワラ

ビなどに覆われてしまうので、容易に森林には回復しないだろう。

単調な植生に広がった虫害

　マツノザイセンチュウ病、いわゆるマツ枯れはマツ類を枯らす線虫（マツノザイセンチュウ）がカミキリ虫（マツノマダラカミキリ）に運ばれることによって拡大する（13ページ参照）。線虫がマツを枯らし、枯れたマツにはカミキリが産卵し、孵化した幼虫は材を食べて成長する。カミキリが成虫となり羽化する際に、線虫がカミキリの体内に入り込む。線虫を持ったカミキリが飛び出し、近くの健全なマツの若枝をかじると、その傷口に線虫がこぼれ落ち、枝から幹の中に入り込む。そして、健全だったマツは枯れる。線虫はマツを枯らすことによって運び屋であるカミキリの繁殖を助け、カミキリは線虫を健全な木に運ぶことによって繁殖のための新たな枯れ木を確保しているのである。このように線虫とカミキリは繁殖のための共生関係を作り上げている。マツノザイセンチュウがマツ類の立枯れ木を発生させなければ、線虫の運び屋であるカミキリは容易に繁殖できないのである。

　マツ枯れは1970年代に九州から本州を北上し、現在では秋田県にまで達している。日本海沿岸などで海岸砂丘上に帯状に広がる松林は、強風や飛砂を防ぐ目的のために、ほとんどが植林されたものである。線虫とカミキリの共生関係にとって、大面積にマツ類のみが植えられた海岸林は、このうえなく好ましい環境なのである。

　マツノザイセンチュウは北米から木材とともに日本に入ってきたと考えられている。1970年代以前の日本では、マツ類に限らず立ち枯れた樹木はすべて貴重な燃料として早々と伐採利用されていた。当時のように木材が燃料として利用されていれば、これほどまでにマツ枯れが拡大することはなかったであろう。

拡大する「ナラ枯れ」被害のわけ

　東日本の落葉広葉樹林や西日本の常緑広葉樹林の多くは、1960

年代まで家庭用燃料としての薪や木炭を生産するための林であった。言わば都市の燃料基地であった当時の山村は、林業が栄え、自然林がもたらす多様な恵みとともに独特な文化を育んできた。ところが1970年代に入り燃料が石油や天然ガスに切り替わり、山村にも高度経済成長の波が押し寄せ、人々は都市へと流出した。山村は急速に過疎化が進み、薪炭林は利用されないまま成長を続け、人と森の関係は希薄になった。そのような薪炭林の代表的な樹木は、落葉樹林ではナラ類、常緑樹林ではシイ・カシ類である。これらの樹木は薪や炭に適していたことから、10〜20年程度の年数で伐採が繰り返された。しかし、切り株の周囲や根から芽を出す萌芽能力にすぐれていることや、繰り返し伐採されるよりも短い年数で果実（ドングリ）を作り出す能力があることから、薪炭林では衰退することなくむしろ増えてきたと考えられている。

　カシノナガキクイムシが関与するナラ枯れは、かつて薪炭林であった広葉樹林で発生しており、北陸から東北にかけて年々被害地域が拡大している（13ページ参照）。ナラ類の中でもミズナラは特に枯れやすく、比較的まとまって生育する地域で枯れが発生すると非常に目立つ。このカシノナガキクイムシの成虫はナラ類の幹に坑道を掘り菌類を繁殖させ餌とする。この菌類はナラ菌と呼ばれ水分が移動するための通道組織を破壊するので、水不足のためにナラ類は枯れる。これが直接的なナラ枯れの原因である。ナラ枯れは過去にも発生しており、比較的大きな木が被害にあっている。ナラ類が薪炭林として伐採されなくなり、被害を受けやすい大きな木が増加したことが、被害の拡大に影響しているとも考えられる。ナラ林が燃料として利用されていた時代は、枯れ木の集団が発生するとすぐに伐採利用され、次世代の森に更新させていたために、今日のような被害の拡大にはつながらなかったと考えられる。

見直す必要がある人と森林の関わり方

　私たちは、これまで森林から多くの恵みを得てきた。原生林が育

む多様な動植物や豊かな水は、縄文の昔から数千年にわたって、山間地に暮らす人々の生活を支え、固有の文化を生み出してきた。近代になり人口が増加すると、都市に暮らす人々のために原生林は薪炭林に姿を変え木質燃料を供給した。太平洋戦争後は建築用材と紙パルプの需要が高まり、多くの原生林が伐採されて人工林に姿を変えた。ところがその薪炭林は現在ではほとんど利用されなくなり、成熟した針葉樹は安い外材に押され、これも利用されないまま成長し続けている。

本書に掲載された写真は、原生林がここ数十年で著しく変化してきたことを教えてくれる。薪炭林は私たちが暮らしていくうえで必要な木質燃料を生産するために、原生林を開発して作られたものであった。それならば、人との関係が疎遠になった奥山の薪炭林は開発前の原生林の姿に戻されるべきだろう。写真に残された過去の原生林の姿は、再生すべき森林のモデルでもある。

森林に対する人の影響が低下してしまった一方で、異常に増えたシカが奥山に進出しており、再生不能なまでに植物が食べつくされた原生林がでてきた。さらに、白砂青松と称えられた海岸の松林はマツノザイセンチュウ病のために壊滅的な被害を受けた。砂丘上に広大な松林を作り上げたのも、その松林が枯れる原因となった線虫を外国から持ち込んだのも、そして、枯れた木を燃料に使わなくなって枯れを拡大させているのも、すべて人が原因なのである。失敗を繰り返さないためにも、改めて人による森林への関わりを振り返り、見直す必要があるだろう。

草原

阿蘇に代表される日本の草原は
人が利用し管理して保たれてきた。
明治・大正期には国土の1割を占めていたが
現在はわずか1％にまで落ち込んだ。

文／高橋佳孝・
（独）農業・食品産業技術総合研究機構近畿中国四国農業研究センター

　草原をわたる心地よい風、波打つススキのざわめきや可憐な野の花は人の心を癒してくれる。そういう自然に触れたときに、心の底からやすらげる私たちはもともと「草っぱら」が好きなようである。それは、広大な草原に果てしない海と同じものを感じるのかもしれない。

　しかし、日本の草原が手つかずの自然のものではないことを、また、どういうふうに存在してきたのかを知る人は意外に少ないのではないだろうか。私たちが慣れ親しんできた草原の多くは、長年、人の手によって採草や放牧、火入れなどの管理がなされ、維持されてきた半自然草原（これを草地という）である（16～17ページ参照）。ススキ、ネザサ、シバなど在来のイネ科植物からなる半自然草原は、森林国日本では希な景観と思われがちだが、昔からどこの農村でも草原はあったし、農業するにも生活するにも草は欠かせない存在だった。

生活を支えた日本の草原

　日本は雨が多く温暖な気候であるため、高山帯や風当たりの強い場所、川の氾濫原、海岸の砂浜など、木が生えない過酷な場所に全くの自然の状態で成立している草原（これを自然草原という）以外は、放っておけば森林になる。しかし、かつては私たちの身近に、人の生活に密接に結びついたたくさんの草原が存在していた。童謡の歌詞にある「ウサギ追いしかの山」はうっそうとした森林ではなかったはずだし、「桃太郎」の冒頭の一節「おじいさんは山に柴刈りに」はススキなどの草を刈りに出かけたのだと解釈する説もある。

　万葉時代の詩歌にも詠まれているように、ススキの草原は、屋根葺きや炭俵つくりの材料を生産するためのカヤ場、あるいは牛馬の飼料や肥料用の草を刈り取るための草地（採草地）として使われてきた。奈良時代には「牧（まき）」と呼ばれる牛馬の放牧地が全国各地に広がっており、シバやネザサの草原として美しい風景をかもし出してきた。また、本格的な農耕が始まる前の縄文前期には、すでに狩猟場確保のために草地や森林を火で焼いたり、焼き畑による農耕によって草原のような環境がつくり出されており、その後、弥生期から始められた水田による稲作は、周囲の草原環境から供給される刈敷（肥料として水田に敷き込む草や若葉のこと）に支えられていた。草原の利用は、つい数十年前まで続いていたのである。

　このような半自然草原は、絶えず人手が加えられることで、ほぼ一定した環境が保たれる。つまり、農業や生活のために草を利用することで、森林へと進むはずの植生遷移が、途中の状態（半自然草原）にとどめられてきたのである。早春の草原では野焼き（火入れ）が行われ、炎が枯れ野を真っ黒に焼きつくし、そして新たな草の芽吹きを促す。野焼きによって、草刈りや放牧の障害となるイバラやアキグミ、ウツギなどの低木類の繁茂を防ぎ、火に強いススキなどのイネ科植物の比率が高まる。春から秋にかけては牛馬を放牧し、秋には草を刈って冬場の飼料や敷料（牛馬の寝床に敷く草やワラの

こと）に使い、糞尿と敷料が混ざり腐熟してできた厩肥(きゅうひ)は田畑の肥やしになった。

　この営みが延々と繰り返され、草原は農業や生活と有機的につながり、人と牛、馬に守られてきた（121ページ図参照）。このような伝統的な草原管理の歴史は、草原に付随する技術、農具、慣習の伝承、持続的な草利用をはかるための集落の決まり事などを通じてつむがれ、また一方では、地域の自然に根ざした生活文化や風景を生み出してきた。たとえば、草原に咲く秋の七草は万葉の時代より歌に詠まれるなど愛でられてきたし、お盆の時期に墓前に供える花を野で採る「盆花採り」は、8月の農家の仕事のひとつであった。また、阿蘇地方では、秋に採草地近くで野営するためにススキで小屋（草泊(くさど)まり）を作るといった光景も見られた。

豊かな草原の生態系

　一般に、草原の明るい環境は丈の低い植物の生育に適し、森林とは種類の異なる豊かな植物相をつくり上げてきた。火入れや採草、放牧などによって植物間の競争が緩和されることで、ススキやササなどの一人勝ちが妨げられ、たくさんの種類の植物が共存できたのである。同じように人手が加わった草地でも、土地を耕して外国の牧草を播き、肥料をまいて生産性を上げようとする人工草地（牧草地）の単調な植生とはこの点で全く異なる（123ページ図参照）。

　草原の生きものの中には、歴史の証人として重要なものがある。たとえば、大陸の温帯草原を起源とするオキナグサ、キスミレ、ヒメユリなどの満鮮要素（中国東北部および朝鮮半島を経て渡来した特有の植物種群のこと）と呼ばれる植物の仲間は、大陸と陸続きだった太古の時代に朝鮮半島から日本列島にわたってきた植物たちの名残である。彼らはその後の温暖化で森林が発達しても、西日本の火山灰地域の草原を足がかりとして、人間活動の影響によって生じた里山の半自然草原や二次林（自然林が伐採や山火事、台風などで破壊された跡に成立した森林）の林床などの草原環境に生活の場を

2. 消えつつある日本の自然

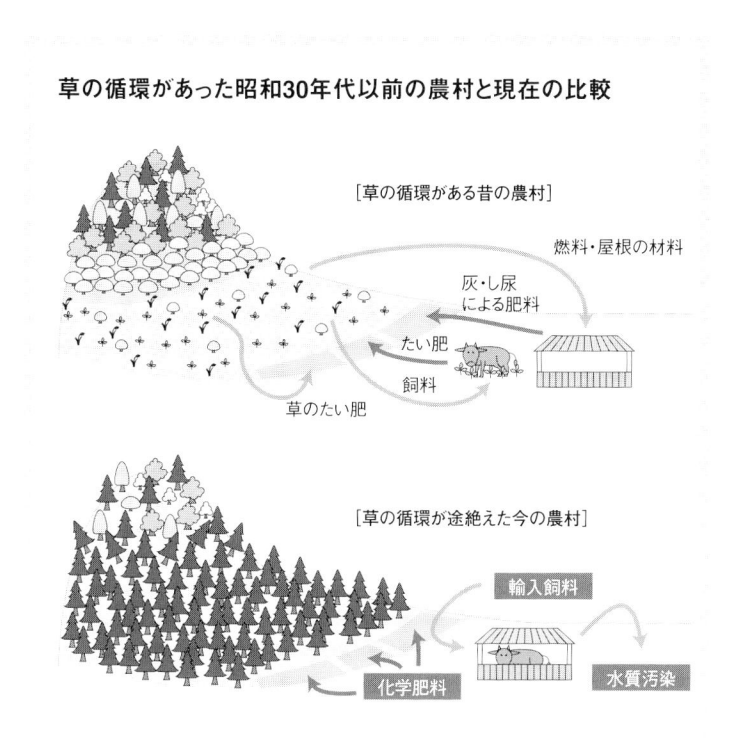

草の循環があった昭和30年代以前の農村と現在の比較

[草の循環がある昔の農村]
燃料・屋根の材料
灰・し尿による肥料
たい肥
飼料
草のたい肥

[草の循環が途絶えた今の農村]
輸入飼料
化学肥料
水質汚染

出典：西脇亜也の原図（『エコソフィア18』(2006)を一部改変

求めて生き延びたと考えられている。

　チョウ類のなかでも、オオウラギンヒョウモンやウスイロヒョウモンモドキ、オオルリシジミなどは、植物における満鮮要素に相当する草原性のチョウで、これらチョウの存在は地域の自然史の謎をとく材料として貴重なものである。このように草原は、地球環境の大変動期にその地域の生物たちを守り続けた、いわば避難場所としての重要な意味をもっている。

　草原はまた、周りの雑木林や田畑にすむ生きものにとっても大切な場所である。たとえばニホンアマガエルは、オタマジャクシの頃は田んぼで過ごすが、生長すると草原や森で暮らしていく。チョウたちの多くも、農耕地周辺の小さな草原・里山環境に普通に見られ

るものだった。草原といえば、阿蘇くじゅうのような広大な風景をイメージしがちだが、そういうものばかりではない。

　たとえば、適度に草刈りがされる水田のあぜや土手、ため池の土提には、シバやチガヤ、ススキなどの小さな草原が見られる。それら一つひとつは小さくとも、全国レベルで見ると林の周縁部とともに膨大な面積の「想像上の草原」が存在していることになる。とくに、昔ながらの管理がされた水田のあぜや土手には、フクジュソウ属、オキナグサ、カワラナデシコ、キキョウなど草原特有の植物が見られ、地域の生物相を豊かなものにしてくれている。

草のいらない暮らしが草原を変える

　日本の田園風景で失われた最大のものは、森林や田畑ではなく、草原であるといわれる（125ページグラフ参照）。金肥（代金を払って購入する肥料の総称）や化学肥料が使われる以前の稲作には、水田1反当たり2〜5反の草山（草原）が必要で、まだ荷物を運んだり、農地を耕したりする労働力としての家畜や、肥料源となる糞尿を供給する役割を持つ家畜として牛馬が飼われていた明治・大正期には、国土の11％が草原だったという統計もある。このことから、当時は水田面積より広い草原が里山のいたる所にあったことが想像できる。しかし、現在では草原の分布域は極めて限定され、面積は国土のわずか1％を占めるにすぎない。

　草原がここまで減少した理由としては、スギやヒノキの植林が行われ、宅地や農地、工場地へ転用されたこと、畜産において多くの家畜を飼育するようになったことや生産性向上のために外来の牧草種を播いた人工草地に変えられたことなどが原因として挙げられる。しかし、それ以上に、生活習慣が様変わりし、人による干渉がなくなったことが大きな問題である。

　衣・食・住のどれをとっても、かつては草が生活の必需品だった。これが、草原が国土の1割以上を占めていた理由である。ところが、戦後暮らしがどんどん近代的になるにつれ、草は利用されなくなり、

草原の種類（阿蘇の場合）

阿蘇の草原は野草地と人工草地からなる。農業・畜産業での利用法、維持管理形体や地形の違いから、野草地は、放牧地、採草地、カヤ野という3つの質の違う草原のタイプに分けられる。各タイプでは、景観や生息する生物の種類も異なる。一方、外来の牧草からなる人工草地は、本来阿蘇に生育する野草が育つ場所ではなく、多種多様な植物が生育する野草地とは異なる。また、阿蘇には局地的に、湿地性の植物が点在している。

◆採草地

採草地では、夏や秋に草を刈り取るため、地表面まで光が届き、より多くの種類の植物が育つことができる。ススキ、ハナシノブ、ヒゴタイ、ヤツシロソウなど草たけの高い植物が育つ草原。

ユウスゲ

◆放牧地

放牧された牛や馬が草を食べ、足で踏み続けることで、シバなどの草たけの低い草原が保たれる。牛はワラビやオキナグサ、クララなど嫌いな草を食べ残すため、独特の生態系が形成される。

オキナグサ

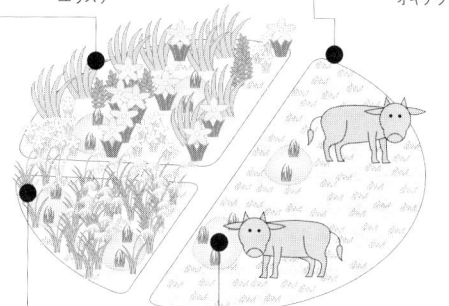

◆カヤ野

放牧や採草に利用せず野焼きだけを行っているような場所では、ススキが密生する比較的単純な草原となり、これをカヤ野と呼ぶ。かつてはススキは茅葺き屋根の材料となり、冬場に刈り取っていたが、近年ではこうしたカヤ場としての利用は激減している。

ススキ草原

◆湿地性植物群落

湿原の中のくぼ地にできた小さな湿地には、モウセンゴケ、サギソウ、ツクシフウロなど特有の生物が生育している。これらには大陸と共通の植物が多く含まれ学術的にも貴重な場所である。湿地は周辺の草地とともに野焼きや放牧によって維持されてきた。

ツクシフウロ

出典：環境省九州地方環境事務所『阿蘇草原再生全体構想』(2007)より
写真提供：九州地方環境事務所（採草地、カヤ野）、大滝典雄（オキナグサ、ツクシフウロ）

人と草原は離れていった。みるみるうちに草原からは牛の姿が消え、春の火入れの風景が消え、刈り取りをする人の姿が消えていった。

　草原から人間が手をひけば、絶妙に釣り合っていた「自然の力」と「人間の活動」のバランスは崩壊する。その結果、草原は荒れ地や丈の低い林へと移り変わっていく。変わり果てた草原はもはや無用の土地になり、それなら他のものに使えばいいと、人工林へ、宅地へ、ゴルフ場へと変わっていった。

　国立公園や国定公園には、草原の景観が評価されて公園に指定された地域もあるが、そこで火入れ、採草、放牧などの利用・管理がなくなると本来の美しい景観が消滅することになる。日本一の広大な草原景観を誇る阿蘇地方では、草原は観光や農畜産業など重要な経済基盤であるが、過疎と高齢化による人手不足のために、野焼きができない場所が増えている（17ページ参照）。草原が減ると同時に植林地が増えることで、輪地切りと呼ばれる5～10メートル幅で草を刈り取った防火帯の長さが延長され、野焼きはますます困難になっている。また、美しい草原景観が大山隠岐国立公園編入の指定根拠であった島根県三瓶山においても、今では草原は少なくなり、ほとんどが森林になってしまっている（18～19ページ参照）。

失われゆく草原の生きものたち

　草原で暮らしている野生生物たちは、今、深刻な状況におかれている。火入れや採草、放牧が行われなくなったことで、かつてはどこでも見られた草原の生きものたちが急速に消えつつあるのだ。植物種のレッドデータブックを見ても、オキナグサやフジバカマ、キスミレ、ヒゴタイなどの植物が全国的に減少していることがわかる。また、九州の阿蘇地方に集中的に分布しているヒゴタイ、ヤツシロソウ、マツモトセンノウなどの満鮮系植物の多くも、生育地である草原がスギなどの植林地や農耕地、人工草地へと変えられ、あるいは残った草原も野焼きなどの管理が放棄されて、今では絶滅の危険にさらされている。

2. 消えつつある日本の自然

日本の土地利用の変化

(%)

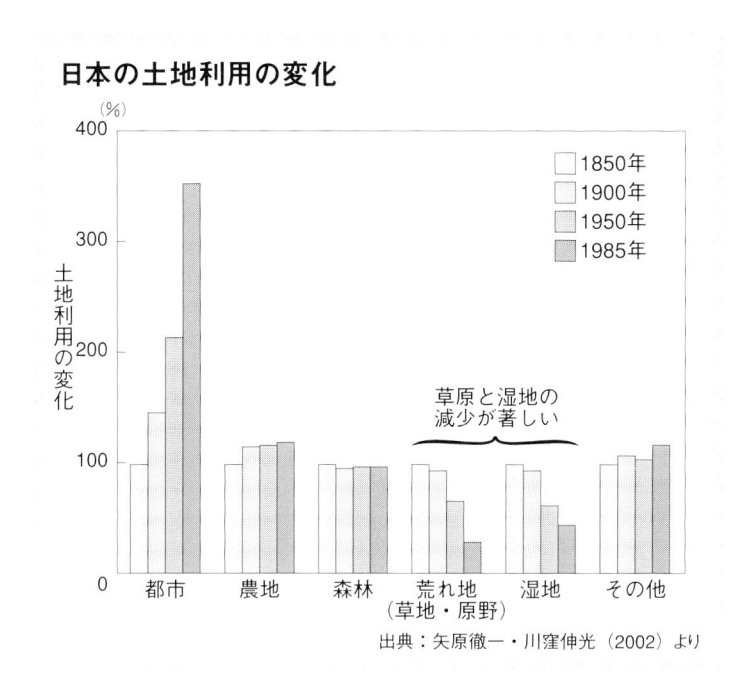

グラフ: 1850年、1900年、1950年、1985年の土地利用の変化を示す棒グラフ。都市は約100→145→215→350と大きく増加。農地、森林、その他はほぼ横ばい。荒れ地（草地・原野）と湿地は減少が著しい。

｛草原と湿地の減少が著しい｝

都市　農地　森林　荒れ地（草地・原野）　湿地　その他

出典：矢原徹一・川窪伸光（2002）より

　また、植物だけでなく小動物や昆虫の生息環境としての役割も機能しなくなってきた。たとえば、オオルリシジミというチョウは、九州の阿蘇地方を除く全国各地で絶滅状態である。このチョウの食草であるクララは有毒で牛馬が食べないため、放牧場ではレンゲツツジやスズランなどとともによく生え、採草地でも意識的に刈り残される。しかし、牧野が放棄され、野焼きや放牧・採草が実施されなくなると他の植物が繁茂し、クララとともにこのチョウも衰退し始めている。

　現在、我が国で絶滅に瀕している昆虫には、オオウラギンヒョウモン、ウスイロヒョウモンモドキ、ヒメシロチョウなどの草原性のチョウ類が数多く含まれており、いずれも採草、放牧の中止や土地利用の変化による草原の変質・消失が衰亡の原因とされている。しかも、草原性のチョウたちの多くは、大規模な草原ばかりではなく、農耕地周辺の里山環境に普通に見られたために、とくに関心をもた

れることなく気がつけば姿を消していた。

　そのほかにも、放牧地で牛の糞を摂食するコガネムシ類、いわゆる糞虫も放牧家畜の減少とともに少なくなり、とくに、ダイコクコガネなど牛の糞に依存する種の絶滅が懸念されている。さらに、カヤネズミやノウサギなど里山や河川敷の草原をエサ場やねぐらにしている動物、そしてそれらを餌にする猛禽類など大型の動物にとっても、草原の減少は大きな問題である。

見直したい人と草とのかかわり

　日本の半自然草原のなかには、千年以上もの長い歴史を持っているところもある。世界的に見れば、これほど長期にわたって同じ場所で草の恵みを受けて、固有の文化を発展させたという例は、他に類を見ないようだ。自然との共生をはかり、循環型システムの利用により自然の恵みを将来にわたって享受し、環境への負荷を最小にする「持続可能な社会」を目指す上で、最良の見本となるといってもよいだろう。雨が多く温暖な我が国で、草原を長く維持し、賢く利用してきた先人の知恵には驚かされるばかりである。

　草原や里山こそが「サステイナブル・ユース（持続的利用）」の典型ではないのかという、新しい観点での指摘もある。資源を使い尽くす近代的な農法や生活様式とは異なり、土地や自然を緩やかに利用しながら、豊かな生態系を展開できる。そして何よりも、草原は適切に利用するなら繰り返し利用できる「持続的に利用可能な」自然であり、しかも、利用することで地域の自然や文化が守れる、という論理は魅力的で、共感を呼ぶ。

　農業や畜産の分野では、これまで放ったらかしにしてきた野草や野草地（半自然草原）の価値が見直され、資本投資を必要としない軽装備で低コストの地域資源として、再び脚光を浴びている。また、有機農業や環境保全型農業が見直されるなか、高品質な野菜や花を生産する農家にとっては、刈り取ったススキが有機肥料源として土づくりに不可欠な材料になるので、地域での草の流通も行われてい

る。さらに、伝統的建造物の資材としてのカヤの不足から、カヤ場を復活させ、質のよいカヤの生産を地元産業として育成しようという試みもみられる。生産性の高いススキなどの長大草本については、木質系資材と同様にバイオマス利用への関心も高まってきた。

　その一方で、最近は草原のもつ美しい景観や豊かな自然環境を、都市と農村に住む市民と行政が互いに連携することによって次世代に引き継ごうというとりくみも盛んに行われるようになった。熊本県の阿蘇地方では、野焼きや輪地切りなどの支援作業にボランティアが参加するようになってから10年が経過し、これまでに延べ9000人もの野焼き支援ボランティアが活躍している。このような草原保全活動は全国各地で展開されており、まるで野焼きの炎に引きつけられるかのようにさまざまな人が草原に集ってくる。彼らをツーリストの一員とみなせば、いわゆる「責任あるツーリズム」の実践者といってもよいだろう。

　草は現代でも十分通用する貴重な資源であり、そして草原は国民共有の資産でもある。しかも、その持続的な利用・管理のノウハウは、私たちの祖先が築き上げた草原・里山の伝統技術や文化の中にある。今ならまだ、その知恵を学ぶことができるが、あと数年もすれば消滅しかねない。忘れ去られた草原を蘇らせるのに、私たちに残された時間は少ないのである。

消える生物 ①
小さな自然の変化がもたらす生物の危機

文/小林 光・(財)自然環境研究センター

　時代小説『半七捕物帳』に次のような浅草辺りの話が載っている。「東京になってからひどく減ったものは、狐狸や河獺ですね。狐や狸は云うまでもありませんが、河獺もこの頃では滅多に見られなくなってしまいました。」約50年昔の幕末の様子と、明治中頃の今の様子を比べた半七老人の述懐である。作者・岡本綺堂は、この小説で江戸の風物詩を書き留めて置くことを目的の一つとしていたようだから、時代考証には定評がある。カワウソは少し大きな溝川に必ずすんでいたし、愛宕下のような江戸の中心付近にも巣を作っていたという。たくさんの魚を必要とする大食漢のカワウソが獲物を捕りにくくなる何かの環境変化があったのだろうが、今になってしまうと原因は定かではない。

　半七の観察眼はキツネやタヌキについても興味深い。「文明開化で開発が進み、生息地が失われたキツネやタヌキが東京から見られなくなったのは当然だが」というニュアンスだと思われる。

　明治期以来、日本では開発の名のもとに森林、湿地、草原などが大規模に改変されてきた。そのため、今では多くの生物が生息場所を失い、絶滅危惧種になっている。環境省によるレッドデータブックでは、我が国の高等植物（維管束植物）及び高等動物（脊椎動物）のそれぞれ2割程度の種が絶滅のおそれがあると判定している。池沼、ため池など浅い水域に生育するアサザ、ガガブタ、ミズアオイなどの水草、低地の湿地に生育・生息するサギソウなどの湿生植物や止水性のトウキョウサンショウウオは代表的な例であろう。どこにでも普通

2. 消えつつある日本の自然

に見られたものだが、今では各地で急減している。

大径木の消失や森林の分断がすみかをなくす

　さほど大規模な開発でなくとも、一見したところ些細な自然の改変でも生物を絶滅の淵に追いやっている事例をいくつか紹介しよう。

　沖縄本島北部やんばるの森は、イタジイを主体とする照葉樹林である。この森には世界でここにしか生息しない動物がいる。ノグチゲラは全長30センチほどの大型のキツツキで、イタジイやタブの幹などに深さ50〜60センチの大きな巣穴を掘って、白色の卵を平均4個産む。生息数は400羽程度と推定されている。ヤンバルテナガコガネは体長5〜6センチほどだが前足が非常に長い日本最大の甲虫で、幼虫は古木の樹洞で材質部の朽ちた部分を食べている。ここの森は伐採されても、切り株からいっせいに芽吹いて30〜40年もすると木々の密生した林が成立する。一見、森が回復したように見えるが、そこには太くて大きな木も朽ち掛かった古木も見当たらない。木の幹はどれも細く、森は乾燥しており、伐採前とは大いに異なる環境である。ノグチゲラやヤンバルテナガコガネにとって、やんばるの森はすみにくくなっている。

　北の大地に生息するシマフクロウも同様の状況にある。シマフクロウは全長70センチもある。川沿いや湖沼周辺の森林に生息し、主に魚やカエルを捕って食べる。生息数は100羽前後。大木の樹洞に巣をつくるため、水辺の森林が牧

消える生物 ①

　草地開発で狭められると営巣する木が確保できず子孫を増やせない。現在では、人間が作った巣箱を利用して、辛うじて繁殖している番(つがい)もいる。

　最近、哺乳類では多くのコウモリ類が絶滅危惧種と判定された。コウモリ類が飛翔に必要なエネルギーは膨大だ。森林性のコウモリでは、餌となる虫を確保するための広大な森林が必要で、飛びながら捕食してエネルギーを補給しなければならない。だから森林が開発などで小さく分断されると、コウモリにはすみにくい。トータルで大面積が残っていてもダメなのである。ねぐらの近くで十分餌が捕れる広がりが確保されなければ、餌の捕れる森まで遠出しなければならない。その森が遠いと、そこにたどり着く前にガス欠になってしまう。森林性コウモリにとって森林の連続性が必要なのである。

道路建設の大きな影響

　ライチョウは日本では本州中部の高山帯に生息する鳥で、生息数は約3000羽と推定されている。氷河期の生き残りといわれ、地球温暖化の影響を最も受けやすい。しかしそれ以前に、山岳地域に観光道路が建設されることにより大きな影響を受けている。道路が開削されると、観光客の増加に伴うゴミなどの増加、環境汚染の結果として伝染病、寄生虫などが懸念される。また、キツネ、カラスなどライチョウの天敵が高山帯に侵入し個体数を減らしている。最近では、残雪期のスキー客との衝突の危険性についても懸念されている。

　日本の草原を代表するチョウのチャマダラセセリも道路建設の影響を受ける。草原の中を通る未舗装の車道の周辺など、食草のキジムシロ、ミツバツチグリが生育する場所に多くすむが、人の管理で維持されてきた半自然草原が、外国産の種子をまいて作った牧草地に変わるとこのチョウも激減した。草原の道がアスファルトなどで舗装されると、わだちの間の草地がなくなり、強い照り返しや土の湿り気の消失により、このチョウの生息に大きな影響を与えた。

2. 消えつつある日本の自然

　2008年に生物多様性の保全を目的とした「生物多様性基本法」が制定された。その前文が指摘するように、生物多様性は人類存続の基盤だ。しかし、人間の行為は思いのほか多大な影響を生物に与える。私たちは、この点を肝に銘じ、自然に対し謙虚な心をもって行動することを習性とすることが求められる。

ノグチゲラ

ヤンバルテナガコガネ

シマフクロウ

ライチョウ

上2点／提供：環境省、下／左から、提供：自然環境研究センター、北橋義明

湿地

かつて日本は米作りに適した「湿地の国」だった。
しかし、**明治期以降開発**などにより
その6割以上が消失。
生態系の変化を招いている。

文／呉地正行・「日本雁を保護する会」会長

　日本最古の歴史書である『古事記』の中で、日本は「豊葦原の瑞穂の国」と呼ばれている。ヨシが生い茂った水辺に恵まれた、みずみずしい稲穂が育つ国という意味で、日本には昔から湿地が多く、そこは米作りに適した豊かな土地と考えられていたことがわかる。どの生物も水なしでは生きてゆけないが、その水が蓄えられているところが湿地だ。地球は水の惑星といわれるが、その水のほとんどは海水で、生物が利用できる地表に流れる真水は全体の0.01％しかない。湿地はこの限られた水を蓄え、様々な生物の命の泉の機能を果たし、気温の変動を和らげている。特に枯れた植物が分解せずに堆積した泥炭地は大気中の二酸化炭素を吸収して蓄積し続け、地球温暖化の抑制にも貢献している。

過去100年の開発で激減した湿地

　湿地にはいろいろな定義があるが、ここでは、湿原（湿った土壌に発達した草原）、沼、泥炭地を主に取り上げることにする。湿地は、他の場所よりも地盤が低く、河川などから運ばれた土砂などに下流

部を塞がれてできた水域が多いが、次第に水生植物が生い茂り、様々な水辺の生物のすみかになる。湿地の植物はやがて枯れて水底に堆積し、それを繰り返すことにより、湿地は計り知れないほどの長い時間をかけてゆっくりと陸地化してゆく。

　湿地は多くの水辺の生物にとってかけがえのない環境で、特に水生植物が生い茂る浅い水域は、水生昆虫、甲殻類、魚類、両生類などの産卵場所や幼少期の生息地として欠くことができない。しかし、水はけが悪く、人間の接近を拒んできた湿地は、かつては利用価値がない不毛の土地と考えられていた。そのために治水技術が向上すると、たちまち干拓や埋め立ての対象となり、近年多くの湿地が失われ、または劣化してしまった。その結果、身近に見られた湿地の生物の多くが絶滅のおそれがある種として取り上げられるようになってしまった。

　135ページ上のグラフは面積が広い湿地を、今から100年ほど前の面積順に示し、併せて現在の面積も示したものだ。これを見ると、日本最大の湿地の釧路湿原を筆頭に、20のうちの19が北海道の湿地で、大規模な湿地のほとんどが北海道に集中していることがわかる。

　北海道の湿地面積は、100年ほど前も現在も全国第1位で、全体の85％前後を占めている。しかし、過去100年でその面積の約60％が消失した。これは全国で失われた湿地面積の80％以上に当たるが、地域別に見ると石狩川小湖沼群と石狩川流域小湖沼群のように、ほぼ全ての湿地が失われたところも少なくない（135ページ下の図参照）。

　日本全体で見ると、100年ほど前は、約2100平方キロあった湿地は、現在ではその半分以下の820平方キロほどに減少した。過去100年間で全湿地の61％が消失したことになるが、これは、琵琶湖の約2倍の広さに当たる。湿地が減少した原因には、自然現象と開発によるものがあるが、最大の原因は開発によるもので、これが全体の約90％を占めている（137ページ上グラフ参照）。

137ページ下のグラフは、湿地面積が広かった上位10位までの都道府県の過去100年間の湿地面積の変化を示したものだ。これを見ると宮城、千葉、茨城などで約90％の湿地が失われたのを筆頭に、ほとんどで大きく減少している。その中で、栃木県だけが大きく増加している。これは1973年まで操業が続いた足尾鉱山から流れ出た鉱毒が、再び渡良瀬川の氾濫で農業に大きな被害を及ぼすのを防ぐために、渡良瀬川の水を導いて貯める広大な遊水池が作られたためである。

湿地の変化がもたらしたもの

　湿地減少や劣化の原因は、大きく4つに分類できる。ここではそれぞれの代表事例を挙げながら、湿地がどのような原因でどのように変化してきたかを考えたい。

　1）干拓による減少・消失

　明治以降、食料の増産を目的に、各地で多くの湿地が干拓され、農地となった。湿地から生まれた農地で、本州以南で最も多いのが水田である。たとえば、かつて湿地面積全国3位だった宮城県では、過去100年間で湿地の90％以上が消え、その多くが水田となった。特に県北部の仙北平野には、100年前には40の沼があったが、その後約90％の沼で干拓が行われ、約80％が完全に消えてしまった。現在残されているのは、国際的に重要な湿地の保全に関するラムサール条約の登録湿地である伊豆沼や蕪栗沼など、9の沼だけだ（139ページ図参照）。また残された沼の多くはその一部が失われ、面積は半減した。

　伊豆沼では、1941年以降、沼の南北両岸で干拓が行われ、20年ほどの間にその40％以上が干拓されて水田となった。蕪栗沼は、明治中期には周辺の谷地を含め、600ヘクタールの面積があった。その後、第二次大戦中まで干拓が行われ、沼の面積はかつての6分の1の100ヘクタールになってしまった。しかし最近、湿地を復元するとりくみが始まり、1998年には沼の東の白鳥地区水田50ヘクター

2. 消えつつある日本の自然

明治・大正時代と現在の湿地面積の比較

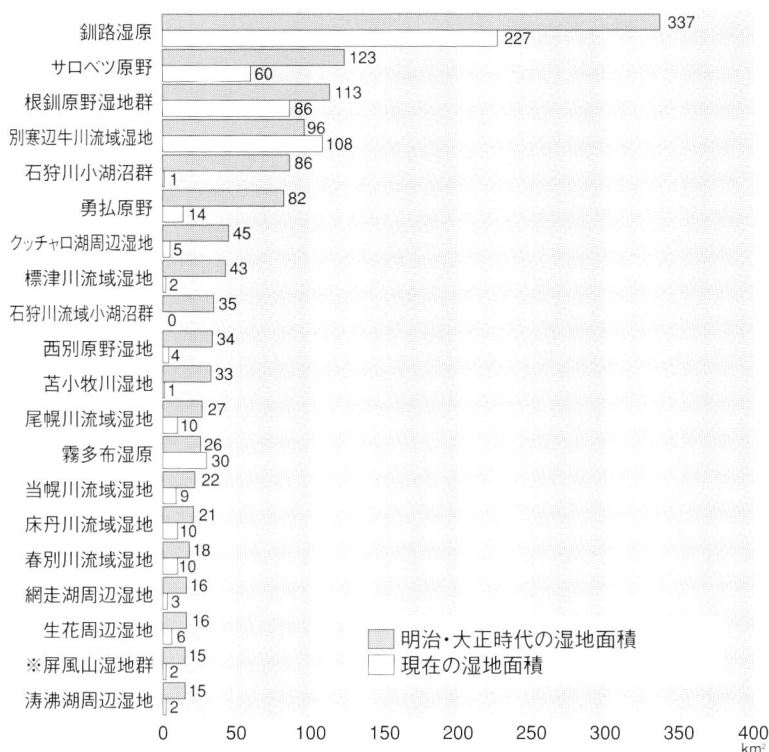

湿地	明治・大正時代	現在
釧路湿原	337	227
サロベツ原野	123	60
根釧原野湿地群	113	86
別寒辺牛川流域湿地	96	108
石狩川小湖沼群	86	1
勇払原野	82	14
クッチャロ湖周辺湿地	45	5
標津川流域湿地	43	2
石狩川流域小湖沼群	35	0
西別原野湿地	34	4
苫小牧川湿地	33	1
尾幌川流域湿地	27	10
霧多布湿原	26	30
当幌川流域湿地	22	9
床丹川流域湿地	21	10
春別川流域湿地	18	10
網走湖周辺湿地	16	3
生花周辺湿地	16	6
※屏風山湿地群	15	2
涛沸湖周辺湿地	15	2

（単位：km²）

出典：国土地理院『日本全国の湿地面積の変化』より
注：明治・大正時代における全国湿地面積の大きい順に20位までを掲載、※印（青森県）以外はすべて北海道

北海道の湿地面積の変化

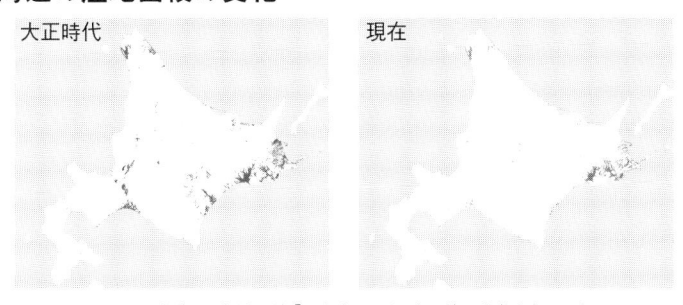

大正時代　　　　　　現在

出典：国土地理院『日本全国の湿地面積の変化』（2000年までのまとめ）より

ルが、地域の合意を得て湿地に復元され、沼の面積は1.5倍になった。白鳥地区が湿地に復元されると、これまで姿を消していた水草、水生昆虫など様々な水辺の生物が蘇り、冬にはガン類やハクチョウ類のねぐらとして利用されるようになり、自然再生事業のさきがけとして注目されている。

　新潟市の福島潟は、県内最大級の沼だったが、農地拡大をめざす国営干拓工事が昭和中期に行われ、約半分が干拓されて水田となり、残り半分の約200ヘクタールの水面が残された（35ページ参照）。当初はこの水面も含めて全てを干拓する予定だった。しかし工事中に2度の水害に襲われ、その時に残された水域が増水した水を受け入れ、治水に役立つことがわかった。そのために、残りの水面の干拓計画は中止され、現在は水鳥の生息地や水生植物オニバスの北限の自生地などとして、重要な湿地となっている。

　干拓による水田の造成は、北海道でも行われた。最も重点的に行われたのは、石狩川流域の石狩湿原で、ここには6万ヘクタールを超える泥炭湿地が広がっていた。泥炭湿地とは、湿地のミズゴケなどが分解せずに堆積してできた湿地である。開拓以前の道内には多く見られたが、その約30％が石狩湿原に集中していた。しかし、明治以降の100年間で、石狩湿原は農業地帯へと大きく変った（36～37ページ参照）。

　まず明治初期に湿地の周辺部が畑や草地に変わり、第二次大戦後の食糧増産期には大規模開発が行われ、湿原は次第に水田に変わっていった。その結果、1970年までに石狩湿原の99％が農地に変わり、その中に小さな湖沼群だけがえくぼのように残された。これらの中には、ラムサール条約湿地の宮島沼など、天然記念物のマガンやコハクチョウなどの水鳥の中継地として重要な生息地が少なくない。このように石狩湿原の原風景は、ほとんど失われてしまったが、美唄湿原（美唄市）、月ヶ湖湿原（月形町）、越後沼湿原（江別市）には、まだその面影が残されている。

　牧草地に変わった湿地もある。北海道北部の西海岸沿いに、東西

2. 消えつつある日本の自然

全国の湿地の分類区分ごとの比率

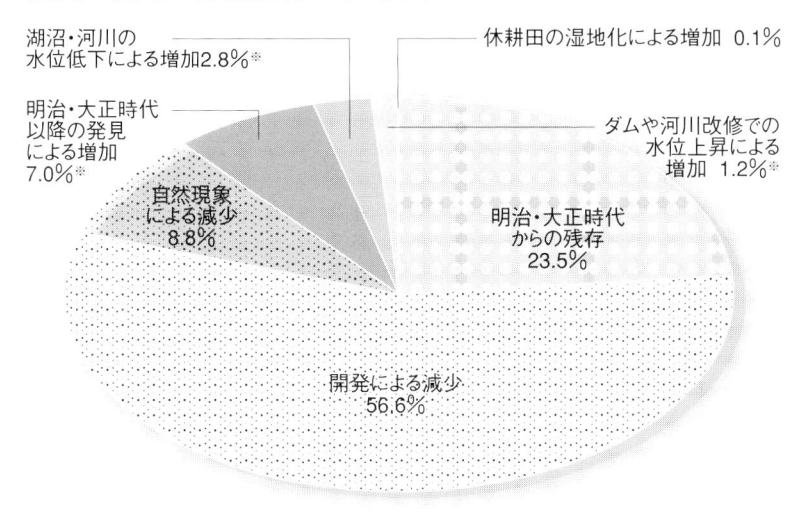

- 湖沼・河川の水位低下による増加 2.8%※
- 明治・大正時代以降の発見による増加 7.0%※
- 自然現象による減少 8.8%
- 休耕田の湿地化による増加 0.1%
- ダムや河川改修での水位上昇による増加 1.2%※
- 明治・大正時代からの残存 23.5%
- 開発による減少 56.6%

出典:国土地理院『日本全国の湿地面積の変化』より
注:※印はすべて、明治・大正時代の地図には記載がなかったもの

過去100年間に失われた湿地の割合

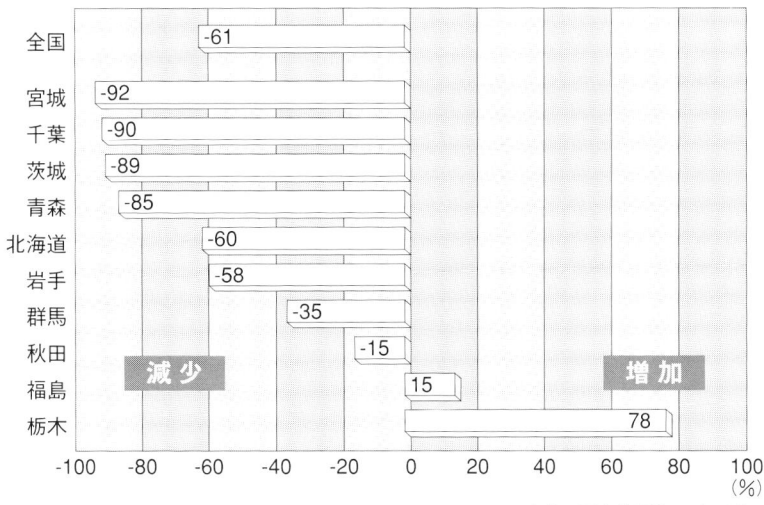

地域	割合(%)
全国	-61
宮城	-92
千葉	-90
茨城	-89
青森	-85
北海道	-60
岩手	-58
群馬	-35
秋田	-15
福島	15
栃木	78

出典:国土地理院のデータより
注:100年前に湿地面積が広かった上位10位までの道県を掲載

約8キロ、南北約27キロの広がりを持つサロベツ原野がある。約6千ヘクタールの湿地が今も残されているが、1956年からの40年間で湿地の80％近くが失われてしまった。湿地の環境を大きく変えたきっかけは、1965年に完成したサロベツ川放水路とその関連工事だった。

　サロベツ川は、サロベツ原野の東側から流入した後、北へ向かい、原野の北部でUターンし、原野の西側を南へ向って流れていた。そのために春先の雪解け水で氾濫することが多かったので、排水機能を高めるために川の迂回部分を直線化する放水路が作られた。併せて下流部分を掘り下げ、北部の湿原には、縦横に排水路が掘られた。その結果、排水がよくなり、洪水は減り、湿原の一部を牧草地にすることができた。しかしそれと同時に湿原全体が乾燥しはじめ、特に放水路周辺では広い範囲でヨシが侵入し、植生の変化が起きている。

2）都市開発による劣化・消失

　都市開発により、湿地環境の劣化や、消失を招いたところもある。新潟市街地のすぐ南に鳥屋野潟という162ヘクタールの湖沼がある。その面積は現在もそれほど減少していないが、周辺環境は大きく変わった。かつてはその周辺には水田などの農地と小さな湖沼が点在していたが、新潟市街地が膨張し、鳥屋野潟はサッカー場や科学館などの巨大な建築物をはじめ、様々な建物や国道、高速道路などに取り囲まれてしまった（41ページ参照）。

　一方、都市化は湿地の完全な消失も招いた。千葉県と東京都の境を流れる江戸川は河口近くで旧江戸川と江戸川放水路に分れて東京湾に注いでいる。その2つの川に囲まれた低地帯と新浜干潟を含む沖合い6キロまでの半円形の海面は、かつて宮内省の御猟場（千葉県・江戸川筋宮内省御猟場）として管理されていた。ここでは鷹匠によるガン猟が行われ、海岸沿いにある新浜鴨場では伝統的な鴨猟が行われていたが、一般人の狩猟を禁じていたため、保護区としての役割も果たしてきた。その当時、この低地帯には稲田やハスを

2. 消えつつある日本の自然

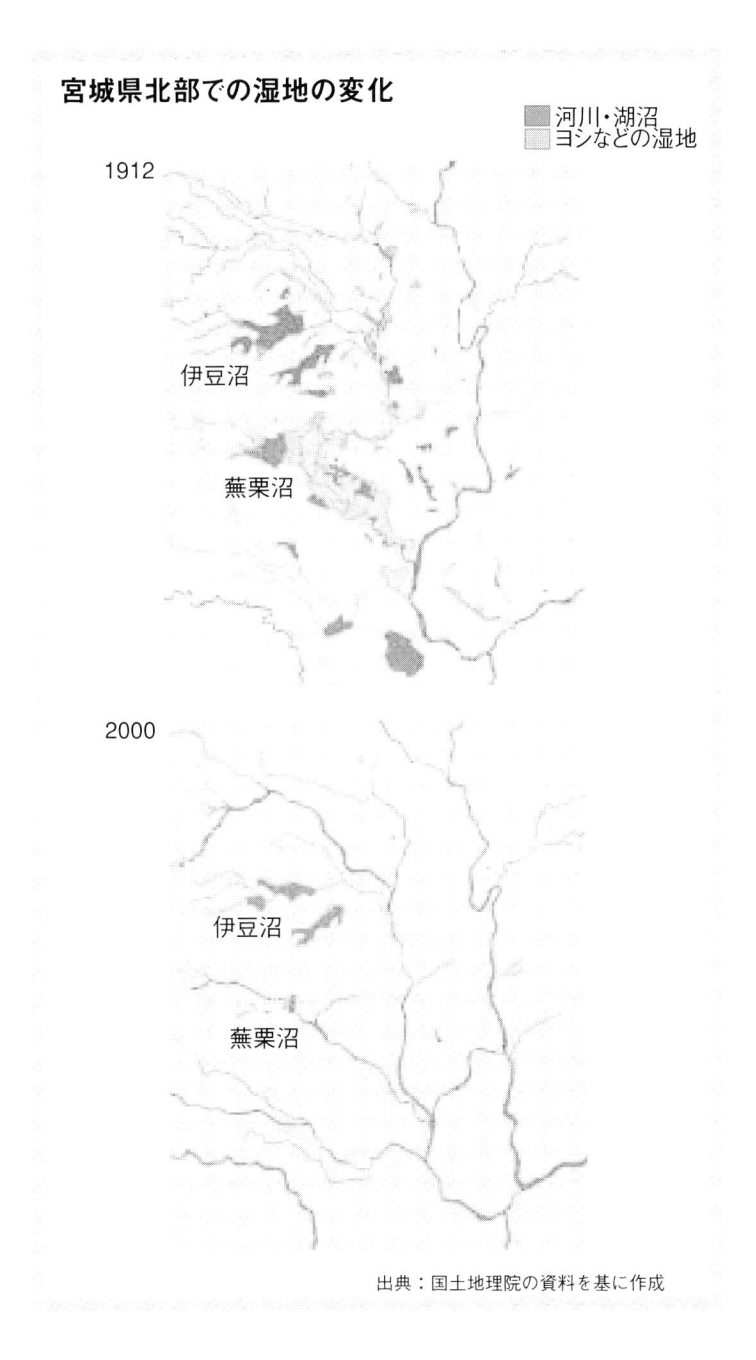

宮城県北部での湿地の変化

■ 河川・湖沼
▢ ヨシなどの湿地

1912
伊豆沼
蕪栗沼

2000
伊豆沼
蕪栗沼

出典：国土地理院の資料を基に作成

栽培する蓮田及びヨシ原や沼地など、多様な水辺環境があり、水鳥のガンカモ類、シギ・チドリ類、サギ類などをはじめ様々な水辺の生きものにとって絶好のすみかとなっていた。また潮が引くとその沖合い数キロまでが干潟となり、御猟場内の湿地で昼を過ごしたマガンやサカツラガンのねぐらにもなっていた。この風景は御猟場が存在した第二次大戦の終戦時まで保たれたが、その後日本の経済成長と共に、低地帯には高層ビル群が立ち並び、干潟では大規模な埋め立て工事が行われてきた。そのために海岸線が次第に沖に移動し、そこに地下鉄東西線、首都高速湾岸線、JR京葉線などが建設されていった。東京に接する浦安市では、かつての海岸線から3キロ以上沖まで干潟が埋め立てられ、そこにはディズニーランドなどが建設され、かつてここが広大な干潟であったことが想像できないほどその風景は変貌してしまった（42〜43ページ参照）。

3）流域の経済活動による陸化・乾燥化

湿地周辺の経済活動の影響で、陸化や乾燥化が進んでいるところもある。釧路湿原では、周辺農地の水はけをよくするために、農地の排水が流れ込む河川を直線化し、その水を速やかに流す工事が行われてきた。その結果、農地の水はけはよくなったが、農地からの土砂や畜産に関連した排水などが湿原に流れ込みやすくなった。その結果、湿原の陸化と植生の変化が進行し、最近50年あまりの間に、湿原の20％以上が消滅し、陸化した環境を好むハンノキの分布面積が倍増している。また釧路市街地と接している湿原南部は、市街地の拡大により、湿原が宅地化されてしまった（30〜31ページ参照）。

4）植生変化

はっきりとした植生の変化が見られる湿地もある。新潟市の佐潟は、北東から南西方向に延びる海岸砂丘の中にあり、上潟と下潟から成る面積約43.6ヘクタールの平均水深1メートルほどの湖沼で、ラムサール条約湿地にもなっている。新潟市によると、新潟市西部にはかつて30を超える湖沼があったが、砂丘に囲まれた佐潟以外は20世紀半ばまでに全て干拓や埋め立てで消えてしまった。佐潟の面

積はほとんど変わらないが、かつては開けた水面だった上潟の一部が、ヨシ、マコモ、ハスなどの植物で覆われるようになってきた（40ページ参照）。これは湿地の植生が自然に変化していく姿を示している例といえるだろう。

　洪水で湖岸の植物が失われ未だに回復しない例もある。宮城県北部の登米・栗原市の伊豆沼は、国内で2番目にラムサール条約湿地に登録された沼で、冬に多数の水鳥が飛来する。かつては岸沿いに水草のマコモの群落が広がり、その根を好むハクチョウ類にとっては重要な生息地になっていた。当時は、宮城県内のハクチョウ類の約80％に当たる、1万羽前後の群れが飛来していた。しかし、1981年と82年の夏の洪水で、水位が4メートルも上昇し、主なマコモの群落が浮き上がって流れ去り、これを目当てに訪れていたハクチョウの飛来数も5分の1ほどに激減してしまった。また飛来したハクチョウの群れがわずかに残ったマコモを食べ尽くすという悪循環が起き、湖岸の風景は大きく変わってしまった（36～37ページ参照）。伊豆沼では、その後マコモを植栽し復元するとりくみが行われているが、一度壊れてしまったマコモとハクチョウのバランスを取り戻すことは容易ではなく、未だ十分な成果は得られていない。

豊かな地を取り戻すために

　日本が「豊葦原の瑞穂の国」と呼ばれていた千数百年前、湿地は人間に恩恵をもたらす豊かな土地と考えられていたと思われる。しかし、その後土木技術力が高まるにつれ、湿地は不毛の土地と考えられて開発の対象となってきた。特に過去100年間に多くの湿地が失われ、農地や宅地などに変わった。このことによって私たちは物質的には豊かになったが、その一方で、失なわれた湿地が人間も含め、さまざまな生きものにとって不可欠な環境であることも認めざるを得ない。これまでの教訓も活かし、ふさわしい湿地環境をどのようにすれば取り戻すことができるか考える必要があるだろう。

里地里山

かつて、日本の田舎で人々は
周囲の自然を利用しながら共存してきた。
生物の宝庫であったこの「里地里山」は
高度成長期以降、激変してしまった。

文／森本幸裕・京都大学大学院地球環境学堂

日本の国土の4割は「里地里山」だ。里地里山とは、長い間、自然に人が関わり利用することで生まれた環境のことで、薪や炭にするための木材をとる林や水田、集落などの様々な要素を含む。"4割"という数字は、環境省の定義によるものだが、国土の半分近くを占めていることになる。しかも、この里地里山は、危機に瀕した生物が最も集中している場所でもある（143ページ図参照）。近年、里地里山の重要性に注目が集まっているのは、このためだ。

豊かな自然に結びつかない「豊かな緑」

日本は森林の国であるといわれ、国土の67％が森だ。森林伐採などが話題となることもあるが、面積は減ったが実は日本の森林の蓄積量、つまり材木資源の量は戦後、増加の傾向にある。

一方、江戸末期に黒船に乗って瀬戸内を航行したアメリカの使節団は、六甲山を見て、氷山かと思ったという。六甲山は古代より人がそこにある森林を切るなどして、生活に利用してきた里山である。花崗岩でできた山地だが、この岩石は風化してぼろぼろになりやす

2. 消えつつある日本の自然

里地里山と希少種が集中する地域の重なり

　里地里山
■　希少種が集中している地域（里地里山以外）
■　希少種が集中している里地里山

出典：環境省パンフレット（2004）

く、ひとたび木を切って丸裸にすると、土壌も侵食されやすい。そうしてはげ山となって露出した白い花崗岩が氷に見間違えられたのである。そのため、明治からここに植林が始まり、今では緑したたる六甲山となっている（50ページ参照）。

　ところが、これが総じて豊かな自然の再生と結びつかないところがやっかいなところだ。

　六甲山をはじめ、せっかく育った植林のマツ林で大規模なマツ枯れが発生したり、近年ではかつては薪や炭材などとして活用されてきた全国各地のナラ林で、カシノナガキクイムシによる大規模なナラ枯れが発生している。さらに、1997年には秋の七草が五草になるかもしれない、というショッキングな話が、環境庁（当時）から発表された。絶滅危惧種の評価の方法をそれまでの、単に少ないだとか、分布が限られているというのではなく、国際自然保護連合の考え方に基づいて、「絶滅の危険性」について科学的に評価しなお

す作業を同庁が実施。この評価結果により、全国的に分布するキキョウやフジバカマという、これまで私たちの暮らしと密接にむすびついていた秋の七草まで、絶滅を危惧されるようになったのだ。これが里の生物多様性の危機である。以来、どんどん絶滅の危機は進行している。

　こうした現象が明らかになるにつれて、こんどは野生動物が里にでてくる問題が1980年代後半から1990年代に全国的に報告されだした。昔より、秋の収穫はイノシシとの戦いであったが、生息密度はたいへん低かった。今は、里に出没するイノシシの数が大幅に増え、大きな打撃を与えるようになった。一方、山に植えたスギ、ヒノキなどの苗木に被害を与える動物は、かつての、ネズミ、ウサギから、狩猟人口の減少などにより爆発的に増えたシカに変わった。「ウサギ追いし、彼の山」ではじまる里を歌った唱歌「ふるさと」の意味はもう、若い世代には理解できないかもしれない。1950年代後半までは、小学校で「ウサギ狩り遠足」があったものだが、ウサギがいるような草地の多い「彼の山」は住宅地に変わった。

　高度経済成長期の1970年代には、開発によって東京の中心から郊外へとどんどん野生の領域が追いやられていく様子が「動物の退行曲線」として描かれて注目を呼んだ。バブル期以降はこの曲線とは全く逆の現象が起こるとともに、アライグマやヌートリアなどの外来動物も目立ち出した。この野生動物の密度増加は、豊かな自然の再生ではなく、里の作物や日常生活への「被害」となって表れた。在来種だが天敵がいなくなったシカの大幅な増加は里山だけではなく、奥山の森林生態系破壊の要因としても指摘されている。里山の変貌は正に「ゆらぐ生態系」なのである。

2つの世界が出会う場所

　人間は社会的な動物だ。集団を作って、狩猟や採集、あるいは作物を栽培して自然の恵みを享受することが文明の基盤である。縄文後期に始まったとされる稲作が日本の食文化の最大のルーツである

2. 消えつつある日本の自然

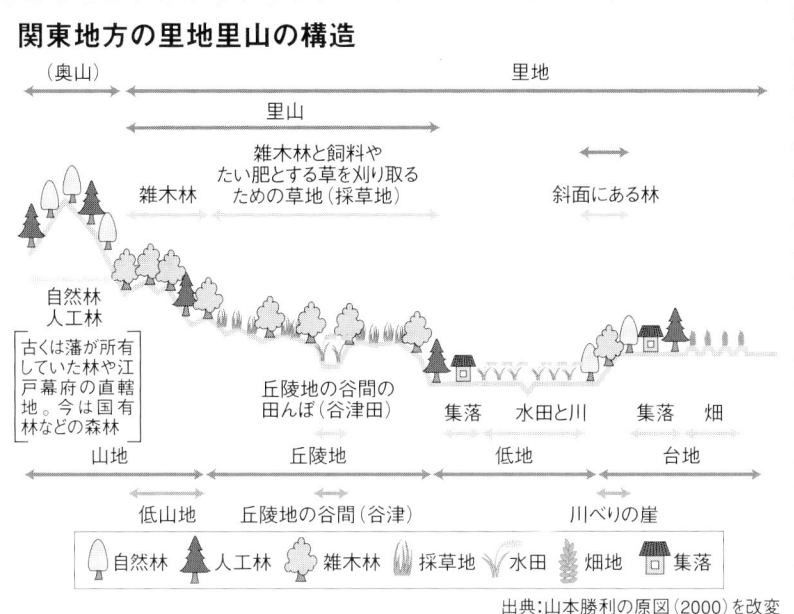

関東地方の里地里山の構造

（奥山）｜　　　　　　　　　里地
　　　　　里山
雑木林と飼料やたい肥とする草を刈り取るための草地（採草地）　　斜面にある林
雑木林
自然林
人工林
古くは藩が所有していた林や江戸幕府の直轄地。今は国有林などの森林
丘陵地の谷間の田んぼ（谷津田）　集落　水田と川　集落　畑
山地　　丘陵地　　低地　　台地
低山地　丘陵地の谷間（谷津）　川べりの崖

凡例：自然林　人工林　雑木林　採草地　水田　畑地　集落

出典：山本勝利の原図（2000）を改変
注：関西では、コナラ林よりアカマツ林が優占し、はげ山も多いなど構造が異なる。

ことは間違いない。でもそれ以外にも、古代からそれぞれの地域ならではの、さまざまな自然の恵みに依存していたことが知られている。青森三内丸山で最近発掘された縄文時代の集落では、クリを栽培していた。貝塚遺跡も全国各地で見られる。こうした生物資源を収穫する人の営みが行われる場所が「里」と呼ばれる。それはどのような場所か。最小の集住の単位としての里を考えてみよう。

　里はその場所の特徴ごとに、海の幸に多くを依存する「海辺の里」、川の幸や川の氾濫原（川の氾濫によってつくられた低湿地）の幸に多くを依存する「川辺の里」、山の幸や山際の棚田に多くを依存する「山辺の里」と、基本的に3つのタイプに分けられると思う。場所は違っても、それぞれ異質の生態系が出会う場所だ。海辺の里は陸と海が出会うところだし、川辺は淡水域と後ろに控える高地が出会うところ。山辺は山地と平地が出会うところにあたる（図上参照）。

暖流と寒流の出会う潮目が生きものの宝庫として知られるように、異質の生態系の出会うところの生産性、生物活性は高い。生態学ではエコトーン（水際や高山帯と亜高山帯など、異なる生態系が移り変わるゾーン）いう概念があって、特に水辺のエコトーンの重要性はよく知られている。海辺では干潟の生産性がたいへん高い。干潟の多い江戸時代の東京湾でとれた魚をネタにしたのが江戸前寿司だ。森の周縁部分、草原などと出会うところはエッジと呼ばれ、灌木やつる植物などがびっしり繁茂する。いわゆるマント群落（低木やツル植物が繁っているところ）とかソデ群落（草の繁っているところ）などと呼ばれて高い生物生産性を誇り、収穫したり破壊されてもすぐもとに戻る。こうした場所では木の実が豊富で隠れる藪もあるため、鳥の種類もたいへん多くなる。海辺の里も、川辺の里も、山辺の里も、みなそうした豊かな生物相と高い生産性に依存して成立していたのである。

　里地里山が世間の大きな関心を引き付けるようになってからまだ日が浅いため、「里山」が何を示すかについては、様々な解釈があるが、ここでは集落である里の背景をなす山が里山であり、集落や田畑を含む土地利用を里地ということにしておこう。そして、日本の自然を語るときに、なぜ里地里山が一つの要素として取り上げられるのか。それは、次の4つの特性にまとめられる。

1．農業に必要な林

　「里山」という言葉が最初に記録に残るのは江戸時代だ。水田耕作に必要な資材を供給するバックヤード、それが里山だった。しかし、この里山という概念が現代に蘇ったのは、森林生態学者の四手井綱英博士の功績である。1960年代後半のことだ。林学の専門家の間で里山への関心が高まりかけた頃で、昔からあった「奥山」という言葉に対する対照的な概念としての「里山」である。当時、農村ではそれまでの薪や炭からプロパンガスにエネルギー資源が変わり始めるとともに、マツタケが年々採れなくなっていた（147ペー

2. 消えつつある日本の自然

マツタケ生産量の推移

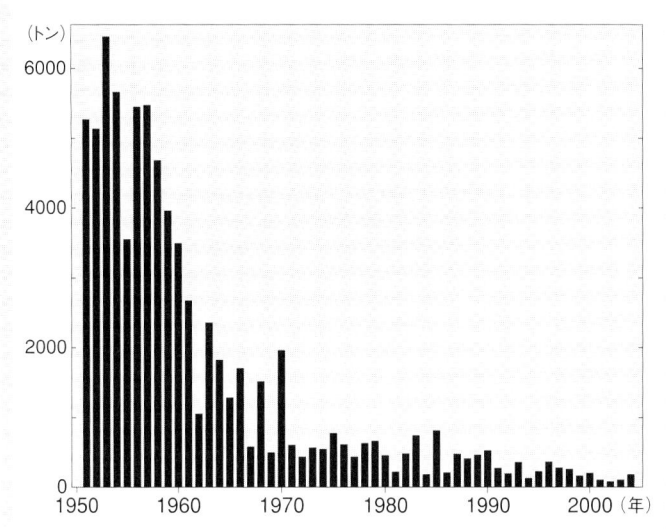

(トン)

出典：明間民央「里山に関する統計のいくつか」

木炭生産量の推移

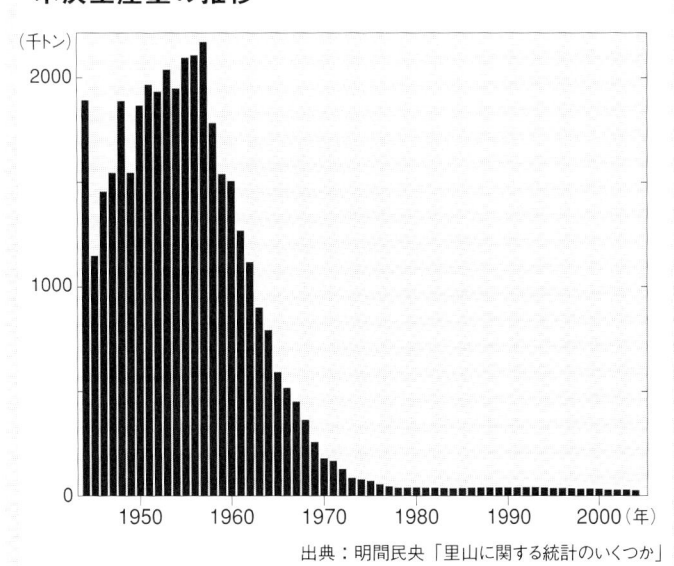

(千トン)

出典：明間民央「里山に関する統計のいくつか」

ジグラフ参照)。柴刈りをせず、林地が富栄養化したことなどが原因だ。マツタケ不作の一因でもある大規模なマツ枯れが西南日本から全国に波及し始めたのもこの時だ。

2．生物多様性ホットスポット

　一方、農地も含めた里地里山が生物多様性の観点から着目され始めたのは、四手井博士の「里山」よりも古い、昭和初期のことだ。京都大学理学部植物学教室の初代教授である小泉博士は、田の畔に生育する小さな穂状の可憐な花をつけ、根は漢方の止血剤となるワレモコウを見て、朝鮮半島や中国大陸北東部の草原と日本の畔など農耕地とその周辺に共通する種群が見られるのに気付いた。それらは遠い昔大陸と地続きの寒冷であった時代からの生き残りなのである。寒冷であった1万年前から、気候が温暖になるにつれ、落葉樹林に代わって、昼なお暗い常緑の照葉樹林が広がっていった。しかし、ワレモコウは森林には生息できない。自然が変化する過程で、森の広がりを制御する里地里山があったからこそ、豊かな生物群が育まれてきたのだ。薪や炭をとるための林（薪炭林）、水田の肥料を取ったり牛や馬の飼料を取る草地（まぐさ場）、屋根葺きの材料となる植物であるカヤを刈り取るカヤ場、農業用水などを溜めておくために利用されたため池、焼畑や水路、畑など、農耕地周辺には多様な生態系がパッチワーク状に集まっていた。カエルやドジョウなど水田の生きものに依存するトキやコウノトリ、猛禽類のサシバなどがそうした生態系の頂点に立つ生きものである。豊かな固有の生物多様性に恵まれながら、それが危機にあるところを「生物多様性ホットスポット」というが、この生物多様性ホットスポットとしての里地里山の意義は大きい。

3．持続可能な社会のモデル

　地球環境の危機が現実のものとして懸念される現在、江戸時代の日本は資源枯渇などで文明が崩壊に至ることがない「持続可能な社

会」のモデルとしてよく取り上げられる。18世紀の人口はおよそ3100万から3300万人で安定して推移。その人口を支えたのは295万ヘクタールの水田耕作であったというが、これは当時の水田開発技術に適した場所がその程度であったからだ。しかし、こうした水田は、面積がその数倍ある周囲の農用林がなくては存在できなかった。江戸時代の里山はよくいわれるような10～20年ごとに伐採される薪炭林だけでなく、むしろ水田耕作のための刈敷きや草木灰（いずれも肥料の一種）の供給源、まぐさ場が土地の利用形態として重要だった。西日本では、製鉄や製塩などの産業と関連した薪炭のための森林伐採ではげ山となったところも多いにもかかわらず、江戸時代には全体として持続的な生産が継続した。それは限られた水田耕作に適した土地に対して、農用林としての後背山地が大きかったこととともに、林木という生物資源のストックが大幅に減少した里山であっても、幸いなことに温暖多雨のモンスーン気候により植物の成長速度が速いという、自然回復力の大きさに負うところが大きい。持続可能モデルとしての里地里山は、大きなストックに依存しない「フロー型の生活」、つまり焼畑やまぐさ場や薪炭林という二次的自然の再生能力に依存するモデルといえる。

　さらに、里地里山は地域で長年の間に開発継承されてきた多様な資源を極限まで利用する文化を育んだ場でもあった。米、酒、ソバなどの焼畑作物、炭、山野草、野生動物、キノコなどの林産物、生薬など様々な資源を全国各地で同じように生み出すとともに、それらを利用・加工する知恵、関連する多様な有形無形の地域の文化を開発継承してきたことは重要である。里地里山は、こうした自然のめぐみ（生態系サービスともいう）を最大限に生かす知恵の宝庫でもあったことが、持続可能モデルの源として着目されている一番の理由だろう。

4. 美しい故郷

　山辺、川辺、海辺の立地に順応して、その土地の自然資源を利用し

た里の風景は合理的で美しい秩序を構成する。中国でも宋王朝の時代（10〜13世紀）に山水画に里地里山の様子を描いた「瀟湘八景」という画題が現れ、数々の名作を生んだ。この中国山水画の題材に刺激されて、日本でも「近江八景」などが画題として登場した。近江八景の画題の一つ「堅田落雁」は、水辺の里である、琵琶湖ほとりの景勝地・堅田を、そこに住む人の営みとともに、いまや絶滅危惧種となった雁が飛ぶ様子を描き、自然と文化が融合した美しい風景を切り取っている。きれいな水や空気のように、季節を告げる鳥の声やカエルや虫の音、見慣れた美しい里の風景は劣化してからその価値に気づくことになりやすい。

　美しさや心を引き付けるこうしたスピリチュアルな価値、つまり文化的な価値は、これまでほとんど価値が認められていなかった。しかし、日本人の美しい故郷としての里地里山が失われるにつれて、そのスピリチュアルな価値の市場化が始まっているようでもある。特に1980年代以降、その動きが顕著になる。画家・原田泰治は「しだいに失われつつある"日本のふるさとを"を求めて」（『ふるさとの詩──原田泰治の世界』朝日文庫より）北海道から沖縄までの日本の里の風景を描き、1982年から2年半にわたり、朝日新聞「日曜版」に掲載された。里を舞台にしたアニメ映画『となりのトトロ』（1988年公開）がヒットした。日本の里の類まれな美しさが、昭和30年代以降の、自然や景観に無配慮な土木工事ともに失われてきたことを描いた『美しき日本の残像』でアレックス・カーが新潮文学賞を受賞したのは1994年。2005年愛・地球博では、トトロの主人公が住む家を再現した「サツキとメイの家」が人気を呼び、写真家・今森光彦による一連の里山の映像は現在高い人気を誇っている。

里地里山の変化

　里の風景が大きく変化したのは昭和30年代以降である。変化の理由は主に次の4つになる。

2. 消えつつある日本の自然

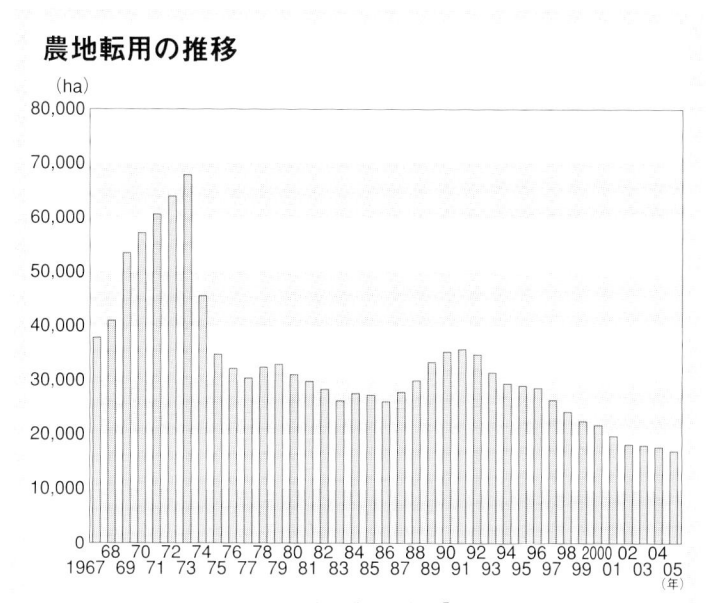

農地転用の推移

(ha)

出典：農林水産省「土地管理情報収集分析調査」

耕作面積の推移

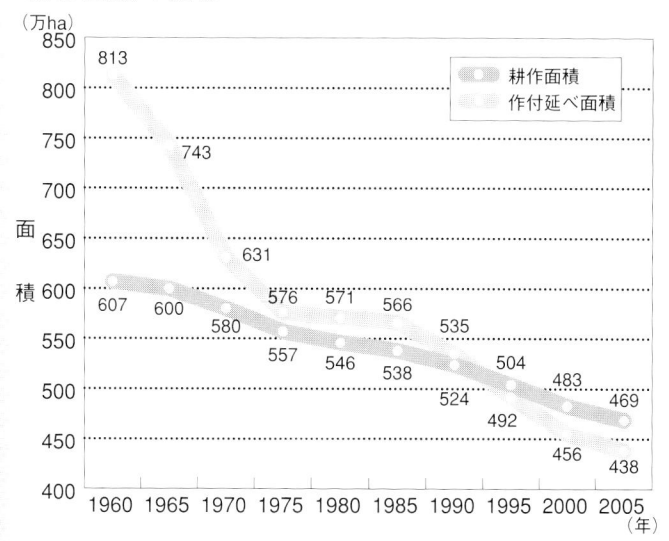

(万ha)

- 耕作面積
- 作付延べ面積

年	耕作面積	作付延べ面積
1960	607	813
1965	600	743
1970	580	631
1975	557	576
1980	546	571
1985	538	566
1990	524	535
1995	504	492
2000	483	456
2005	469	438

出典：農林水産省「耕地及び作付面積統計」
注：作付延べ面積とは、作物の作付面積の合計

1．土地の改変と転用：都市の膨張にともなって川の氾濫原や丘陵地が建物や道路に置き換わっていった。この変化は昭和40年代の高度経済成長時代が最もすさまじい（151ページグラフ参照）。毎年6万ヘクタール前後の里地里山が都市に変貌した。バブル最盛期に都市がまたたく間に変貌していく様子をご記憶の方も多いだろうが、これはその2倍近い変化のスピードである。これによって、大都市が立地する平野とともに、その近郊の低い標高の丘陵地をもともとの生息場所とする生物は行き場を失った。たとえば、辛うじてレンコン畑で生き延びていた氾濫原の淡水魚貝類や水草とか、愛知万博で注目を浴びた、今は激減した湧水湿地のシデコブシやトウカイコモウセンゴケなどの東海丘陵要素とされる植物群などである。

都市的な土地利用への転用ではないが、里の風景と生物多様性に大きなインパクトを与えたのが、スギ・ヒノキ造林である。焼畑や多様な役割を持っていた農用林の多くが、昭和40年代以降、単調なスギ・ヒノキ造林地に変わった。その結果、生態系は単調になってしまった。

2．インフラ整備：道路やダム、護岸などのコンクリートやアスファルトが里地里山を変えた。これには、防災を目的とするものと、農業などの生産基盤の向上を目指したものがある。このどちらも「安全安心」や「農業生産性向上」という大義ある事業だ。しかし、最も生物生産性と生物多様性の高い生態系のエコトーンをコンクリートに変え、森・川・里・海と様々な自然が連続している状態でのみ生息できる生物と、台風、洪水、土砂崩れなどの植生破壊が生育のために必要な生物群に打撃となった。たとえば川から遡上するサケ、アユ、ナマズなどの魚類やカスミサンショウウオなどの両生類、護岸などによってなくなった砂浜の植物に多大な影響があった。

3．農山村人口の減少と高齢化：農業、林業の生産性の相対的な低下に伴って、農山村の過疎化と高齢化が進み、離農、減反、休耕などで耕作地が減少し、モザイク的な土地利用から、一面の竹林となるなど、里のエコトーンに依存する動植物の生息空間そのものが限

界集落(過疎の村)とともに消えつつある。

4．エネルギーと資材の自給率低下：燃料革命で高度成長期を境として薪炭が利用されなくなり、化学肥料の利用によって町と農村の連環が断たれ(1960年代までは都市の糞尿が近郊農村で利用されていた)、里山から刈敷やまぐさが採取されないようになった。この結果、山は富栄養化し、マツ林はマツ枯れ現象で衰退。近年は放棄された薪炭林のナラ枯れが進行中だ。現在、食糧の自給率は40％、木材20％、エネルギーに至ってはわずか4％となっており、山はますます富栄養化現象が進行している。植生は遷移の進行で、落葉樹林が葉を繁らせる前の一瞬の陽光をとらえて成長する春植物や遷移初期の生物群が衰退。氷期以来、豊かに推移してきた多様な生物群に危機が進行中である。西日本では生活に利用されなくなったモウソウチクの異常繁茂が課題となるなど、日本の気候では、セオリー通りにいけば豊かな照葉樹林に戻るはずの場所がそうはならない偏向遷移や退行遷移という問題も発生している。

ランドスケープとその変化

里地里山の景観の急激な変化をもたらした上の4つの傾向は、地球環境の危機を契機に大きく舵をきりつつあるようにも思える。原油価格は高騰し、木材の中国への輸出が始まり、東南アジア諸国では相次いでコメの輸出削減や禁止を打ち出した。里地里山の資源の需要が発生しつつあるのだ。最近では、国も里地里山の保全・再生を通した自然共生社会づくりを国家戦略の一環と位置づけるようになり、さらにその知恵を海外に発信しようとしている。それはいったいどんな里地里山なのだろうか。うまく機能している里の生態系の指標は豊かな生物相と美しい景観である。景観＝ランドスケープは地域の自然環境とその賢明な利用の結果として表れる総合的な指標といえる。「美しき日本の残像」が蘇ることを祈りたい。

> ため池

絶滅危惧種が集中する"小さな池"

文／高村典子・(独)国立環境研究所

　ため池は、稲作に必要な灌漑用水を確保するために人がつくった小さな池だ。日本では、北九州から瀬戸内地方そして愛知県と続くベルト地帯に、特に多くのため池がある。ため池は、そのほとんどが土を主な材料とするダムの一種で、古墳時代に始まり、長い間、経験的な技術に基づき築かれてきた。現在、全国に20万個程度あるとされるため池の多くは、江戸時代以降につくられたものだ。55ページの写真は、江戸時代につくられ、今もその姿をとどめているため池である。大きなものでは、満濃池（香川県）や入鹿池（愛知）など貯水量が約1500万立方メートル、堤の高さが約30メートルに達するものがあるが、約8割のため池は、堤の高さが5メートル未満、貯水量が5000立方メートル未満の小規模のため池である。実は、このため池は、現在、日本の淡水域の「生物多様性の宝庫」であり、多くの絶滅危惧種が生活をしている水域なのだ。

　古くから「水を制する者は天下を制する」といわれてきたが、私たちの経済活動は「水」がふんだんに利用できる「氾濫原湿地」（河川がたびたび氾濫することでできる湿地）にその基盤をおいて開発を進め、大規模な土木工事によって「水」をコントロールして成り立っている。そのため、生きものの受難は、人間活動の影響を特に大きく受けてきた河川・湖沼・湿地などの淡水域で際立ってあらわれている。たとえば、世界自然保護基金（WWF）が1970年から2000年の間における、森林・海洋・淡水の各生態系に生息する主な動物種の個体数の減少傾向を評価したところ、淡水種では54％と森林種（15％）や海洋種

(35％) よりも大きな減少率を示した。

身近な水辺の生物がいなくなる

　ため池の生きものの種類は、氾濫原湿地や水田などとも大きく共通するため、もともと氾濫原湿地でくらしていた生きものが、ため池に移りすんで、独自の生態系を形成してきたと考えることができる。自然の池は、年月を経るとやがては浅い湿地になり陸地に変化する（遷移）。しかし、ため池では農業に利用されるため、適度に撹乱され遷移が進みにくい。さらに池の形状が小規模なので、池の全面に水草が生育できるようになる。そのため、水生昆虫をはじめ多様な小動物が生息するなど、独特な淡水生態系が生まれ高い種の多様性を誇っている。ため池の生物に、絶滅危惧種の比率が高いのは、数十年前まではどこにでもあった身近な水辺の環境が急速に失われつつあることを意味する。

　しかし、このようなため池の環境も、開発による埋め立て、大型ダムなどの建設による水需要や水流路の変化、高齢化などに伴う農業の衰退とそれに伴う管理放棄、コンクリートの張りブロックなどの近代工法による改修、富栄養化や農薬などの化学物質による水質汚濁、外来生物の侵入、などにより、この半世紀の間に大きく変化している。（55〜57ページ参照）

　まず、ため池の数の変化だが、1952〜54年には全国に約30万個あったため池は、1979年には25万個、1989年には21万個と、その数を急速に減らした。

ため池

　日本一ため池の多い兵庫県でも、1952〜54年に5万5685個あったため池の数は、1989年には5万3100個、1997年には4万4293個と、1989〜97年の間に大きく減少した（157ページグラフ参照）。こうしたため池の数の減少は、市街地化などの開発や農業の衰退による水田の面積の減少と、ほぼ連動しているが、それ以外にも、新たな大型ダムの建設などによってため池が不要となったことや、効率化のために小規模なため池を統廃合したことなども関係している。

　神戸市西区神出の航空写真（57ページ）を見ると、1980年から85年の間に農地整備が行われていることがわかる。1982年には、農林水産省構造改善局から老朽ため池整備便覧が発刊されており、この指針に従って、コンクリートを用いた近代的な工法による「樋」や「余水吐け」（いずれも水を放水する設備）のあるため池の改修工事が盛んに行われるようになったと考えられる。特に、平地の皿池（平地に堤防を築いてつくったため池）では池の全周囲をコンクリート張りにした池も多く見うけられるようになった。

　兵庫県南西部のため池管理農家の人々によれば、住宅が隣接する河川や池の水質汚濁は「一時よりはましになった。」とのこと。しかし、依然として、池の周辺の開発や生活排水の混入によりアオコの発生に悩まされている池も多くある。

　外来生物の侵入も深刻だ。私たちが兵庫県南西部の調査中にため池で遭遇した外来動物は、ヌートリア（哺乳類）、ミシシッピーアカミミガメ（爬虫類）、ウシガエル（両生類）、オオクチバス、ブルーギル、タイリクバラタナゴ、タイワンドジョウ（以上は魚類）そしてアメリカザリガニ（甲殻類）と多岐にわたった。また、外来水草も7種見つかった。この中で、ヌートリア、オオクチバス、ブルーギル、オオフサモは、特に従来の生態系に悪影響を与える種として、外来生物法で特定外来生物に指定されている。

　このような、ため池の環境の変貌は、必然的に、ため池で生活してきた在来の生物相にも大きな影響を及ぼしている。ため池を主な生息場所とする約80種

2. 消えつつある日本の自然

兵庫県における廃池の数の推移（一部廃池を含む）

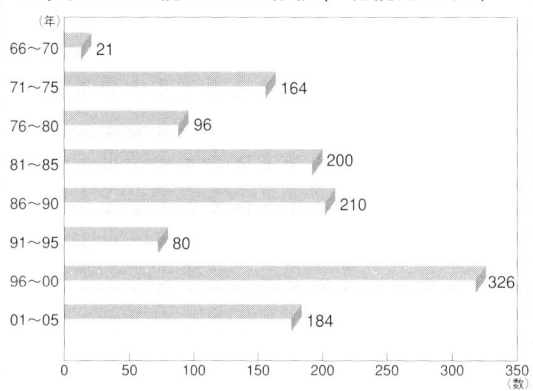

年	数
66～70	21
71～75	164
76～80	96
81～85	200
86～90	210
91～95	80
96～00	326
01～05	184

出典：内田和子『日本のため池』表2-5より作成
(ただし、1996～2005年については兵庫県農林水産局農村環境課「農業用ため池調査」より作成)

のトンボのなかでは、現在、その1割にあたる8種が絶滅危惧種に指定されている。日本の絶滅危惧種の割合は、脊椎動物のグループで全体の10～25％と高い値を示しているが、昆虫類では0.5％ぐらいなので、この、ため池のトンボの10％という数値は、昆虫類全体から見ると際立って高いと考えられる。また、神戸大学・角野康郎教授による兵庫県東播磨地方の数百ものため池に出現した水生植物の調査から、水生植物の種数は1980年前後から1990年のわずか約10年の間に、多くのため池で目立って減少しており、さらに、1998～99年の追加調査から、その傾向が一段と進んでいることが明らかにされている。

　こうした状況の中で、筆者の研究室では、現在、兵庫県南西部をフィールドにして、ため池の生物多様性の保全手法に関する研究にとりくんでいる。ため池が、灌漑用水を供給するという本来の役割を越え、地域コミュニティーの共通の財産として位置づける方法を見出していくことが大切である。

川・湖沼

川の流れに恵まれた日本だが、
約3000ものダムが生態系に
狂いを生じさせている。
湖沼も水質の悪化などで変貌している。

文/西廣　淳・須田真一・東京大学農学生命科学研究科

　身の回りの小さな水路や小川を水の流れる方にたどってみよう。別の小川と合流を繰り返し、徐々に流れが大きくなり、いつか大きな川に合流するはずだ。その川も別の川との合流を繰り返しながら、最後は海に注ぐ。このような一連の川のつながりを「水系」という。生活や経済活動との関わりが特に深い水系は国や都道府県が管理しているが、それだけでも2800以上あり、そこに含まれる川の数は2万以上にもなる。日本は、世界的に見ても面積に対して川の多い国である。
　川は、飲み水などの生活や農業に欠かせない水を与えてくれる。しかし、時には洪水を起こして、生命や財産に大きな被害を与えることもある。洪水の被害を防ぎつつ、利用しやすくするために、川には様々な人手が加えられてきた。そのため現在では源流から河口まで自然のままの川はほとんどなくなった。その結果、川にすむ多くの生物の生息環境も大きく変化した。
　野生の生物にあたえた影響が最も大きいものの一つに「ダム」がある。ダムは、洪水の防止、生活・産業・農業用水の確保、発電な

2. 消えつつある日本の自然

どを目的として、川の流れを堰き止める大規模な施設である。日本ではダムは「基礎となる地盤からの高さが15メートル以上あるもの」と定義されており、これより高さの低いものは「堰(せき)」と呼ばれる。現在、この定義に当てはまるダムだけでも、全国で約3000が稼働、または工事中である。国が管理する109水系のうち、ダムがないのはわずか7水系しかない。

ダムが川の自然環境に与える影響は多岐に渡る。直接的な影響としては、川の上下流を分断することにより海と川を往復（回遊）して暮らすサケやウナギなどの生物の移動を妨げること、ダムの上流側の地域——多くの場合は湿地だった場所——を深いダム湖に水没させること、水をダム湖に貯留することで下流の水量が減少したり水温や水質が変化することが挙げられる。また、工事用の道路の建設やダム湖に没する道路の付け替えなど、ダムに伴って生じる様々な「開発」も、甚大な影響をもたらす。

沖縄では1972年の本土復帰以降、国の方針に基づく様々な大規模公共事業が進められてきた。その一つとして、沖縄県全体でおよそ30という数多くのダムが建設されたことが挙げられる。ダムが沖縄の自然に与えた直接的な影響としては、辺野喜川流域の固有植物（他の場所では発見されていない植物）であるオリヅルスミレの生育地が、十分な調査もなされない内にダム湖に水没して絶滅に至った例（161ページ左写真参照）や、奄美・沖縄諸島固有の9種（亜種含む）のトンボ類が最も多く生息していた区間が完全に水没した羽地ダムの例（64ページを参照）を挙げることができる。間接的な影響としては、ダム周辺の林道が整備されたことに伴い、森林伐採や農地開発が今まで立ち入ることができなかった奥地にまで進行し（161ページ右写真）、斜面の崩壊や海にまで及ぶ赤土の流出や水質汚染を引き起こしたことが挙げられる。さらに、残された森林においても、林道を通り道としてマングースやノネコなどの外来生物が森の奥まで侵入し、国指定天然記念物であるヤンバルクイナをはじめとする貴重な固有生物を捕食するなどの問題が生じている。

「緑の河原」が示す自然の衰退

　ダムが建設される川の上流部だけでなく、その下流においても、人間活動の影響による自然の変化が生じている。川の中・下流域において近年急速に変化しつつある自然の一つに、「砂礫質河原の自然」がある。

　砂礫質河原は、ごろごろとした丸い石が積み重なった砂混じりの河原で、流れの急な川が上流の渓谷を抜けて山すその平野へ流れ下ったあたりに広がる（62～63ページ参照）。砂礫質河原は、日陰がなく、強光・高温の環境である。洪水の影響も頻繁に受ける。多くの生物にとって厳しい環境であるため、本来それほど多くの種類の生物は生きられない。しかし、この特殊な環境を利用するように進化した生物にとっては、かけがえのない生息場所となっている。砂礫質河原に特徴的な植物としては、カワラノギク、カワラハハコ、カワラニガナ、カワラヨモギなどが挙げられる。砂礫質河原の本来の景観は、これらの植物が灰色の礫の間からまばらに生える姿であり、「緑」の自然ではない。そのような環境を好んで生息し、石と区別がつかない灰色の体色を進化させたカワラバッタのような昆虫もいる。個性的な生物がつくる独特の生態系が成立する場所なのだ。

　しかし、近年ではこれらの生物の多くが減少し、絶滅に瀕している。その主要な原因として、砂礫質の河原が、草原や樹林に変化していることが挙げられる。草原を構成しているのはシナダレスズメガヤやオニウシノケグサ、樹林を構成しているのはハリエンジュである場合が多い。これらは、主に「緑化」のために海外から持ち込まれた外来植物である。川の上流にあるダムや林道の工事をした際に、山を削ってできた斜面が、雨などで崩れるのを防ぐためにこれらの外来植物の種子を撒いたのだ。シナダレスズメガヤやオニウシノケグサは、土壌が十分に発達していない斜面でも育つことができる、生命力・繁殖力の高い植物である。またハリエンジュは、栄養分の少ない土地でも育つことができる特別な性質をもつ。このよう

2. 消えつつある日本の自然

沖縄本島北部・辺野喜ダム（建設中・1986年）　完成によってオリズルスミレの自生地が水没した。水没範囲の上部まで森林が皆伐され、林道開設によって周囲の森林まで破壊されている。

沖縄本島北部・源河大川上流の森林破壊（1986年）　林道開設に伴い、原生的な自然林の伐採が広範囲で行われた。これによって赤土の流出や沢の枯渇などが引き起こされた。

左右共／撮影：渡辺賢一

に緑化の道具として優秀な植物を選び、大量に導入しているのだから、それが下流の河原で大繁殖することは何ら不思議ではない。先に名前を挙げた、「カワラ・・・」で始まる名前をもつ砂礫質河原の植物たちは、このような植物に対抗する術を進化させておらず、光をめぐる競争に負けて消えてしまうのだ。

栃木県の鬼怒川の中流域では、1995年頃までは広い河原が広がり、砂礫質河原特有の生物が豊富に見られた（62ページ参照）。特にカワラノギクは1カ所で約10万株の開花が見られるほどであった。しかし、2000年頃には多くの河原が草地となってしまい、固有生物の多くが著しく減少した。カワラノギクは開花した株数が全体でわずか20株程度となり、絶滅寸前となってしまった。かつてカワラノギクが繁茂していた河原は、シナダレスズメガヤの草原になっている。一面の緑と化した河原は、自然が豊かなように見えるかもしれない。しかしそれは、強力な外来植物に在来の自然が打ち負かされた姿である。

干あがった都市の水源

　これまで述べた変化は、比較的大きな川での問題である。一方、生物や環境の変化は、もっと身近な、都市域の小規模な河川でも生じている。

　現代のように水道網が発達する以前、人間は水が利用しやすい場所にしか集落をつくることができなかった。たとえば、東京西部の武蔵野台地は、火山灰が厚く堆積した水はけのよい土地であり、生活に必要な水を確保することがとても難しかったため、人々は湧き水がある限られた場所に集落を作って生活していた。東京で「水道」が発達し始めるのは、江戸時代からである。神田上水もその一つであるが、これは井の頭池の豊かな湧き水が流れる神田川を利用して作られたもので、明治時代まで都心部の重要な水源として大切にされてきた。水源の井の頭池一帯は、幕府の天領として守られ、水量と水質の維持のための水源林として杉の植林まで行われた。その景観は当時の図絵などにも多く残されており、大正時代には初の都立（当時は市立）公園として指定された。池や川は、生活必需品としての水を供給するだけでなく、風情のある景観として名所となり、人々の身近に存在した。

　しかし、遠く離れた湖などから水を引く近代的な水道が整備され、人々の生活も都市化してくると、川には、大雨が降ったときに一刻も早く水を海に排出する、という単純な機能のみを求められるようになった。そして排水機能を高めるため、川の両岸を垂直なコンクリートの壁で固め、ときには底面も固めるという改修工事が、ごく小さな川に至るまで徹底的に進められた。

　神田川でも流域のすべてで改修が行われ、上水として大切にされてきた面影はもはや失われてしまった。さらに、かつては「どのような日照にも枯れることがない」といわれた水源の井の頭池も、周辺の都市化に伴って1950年代後半には湧き水が枯れ、池が干あがった。現在では深井戸からのくみ上げでなんとか水位を保っている

という状況で、池から川へ流れ出る水はごくわずかしかない。

　これらの変化は、当然、そこに生活していた生物に大きな影響を与えた。湧き水を好んで生息する生物への影響は特に顕著だった。ミヤコタナゴとムサシトミヨは関東地方の湧き水の池や小川に固有な淡水魚であり、グンバイトンボも湧き水のある場所に特有なトンボである。これらは現在の東京区部周辺（ムサシトミヨとグンバイトンボは井の頭池）で発見されたものであったが、1960年代前半までにすべて絶滅してしまった。また、カワトンボやサナエトンボ類に代表される流水性のトンボもほとんど見られなくなった。

　東京西部を流れる石神井川の水源のひとつである三宝寺池（66ページ参照）には、氷河期から残されてきたとされる浮島を中心とした水辺植物群落があり、1934年に国の天然記念物に指定された。さらに当時日本で最もトンボの種数が多い場所としても知られていた。しかし、周辺の都市化に伴う湧き水の消失が引き金となって生物相が一変した。たとえば天然記念物指定の根拠となった水辺の植物は1935年の調査では52種が確認されたが、1995年の調査ではわずか19種にまで減少しており、三宝寺池固有の食虫植物であったシャクジイタヌキモを含む、多くの貴重な植物が失われてしまった。トンボについては、1940年代前半までに55種が確認されたが、1980年から90年代にかけての調査で確認されたのは30種のみであった。このことは、たとえ天然記念物という特別な指定をしても、その環境を維持してきた要の要素（ここでは湧き水）を保全できなければ、生物相の維持は不可能であることを示している。

　さらに最近、特に大きな問題となってきたものに外来種の影響がある。都市近郊の水辺には、オオフサモ、オオカナダモ、ホテイアオイなどの植物やオオクチバス、ブルーギル、アメリカザリガニ、ウシガエル、ミシシッピーアカミミガメなどの動物に代表される外来水生生物の侵入が著しい。これらは在来の生物の生活場所を奪うことや捕食することで、在来の水生生物を駆逐することが知られている。たとえば三宝寺池の魚類は、1940年代前半までに15種、

1980年から90年代にかけての調査では12種が確認されている。種数だけを見るとそれほど変化はないが、双方の時代に共通して確認されているのはわずか5種のみで、近年の調査で確認された内の5種は明らかに外来種であったことから、種の入れ替わりが起こったことが伺える。また、トンボの減少についても、1950年代から急激に増えたウシガエルによる捕食の影響も大きいと推測されている。

河川改修による改変は、丁寧な「自然再生」のとりくみによって以前に近い状態に戻せる場合もあるが、外来生物は、十分に排除することは難しく、一度繁殖してしまうと取り返しの付かないことになることも多い。

悪化の一途をたどった湖の水質

川を流れる水の量は季節や降水によって変化し、少なすぎても利用しにくいし、また多すぎると洪水の危険をもたらす。利用が難しい川の水と比べ、豊かに蓄えられた湖の水は、人間にとっては比較的利用しやすいものといえる。

湖沼は多様な生物が暮らす場でもある。湖の生物の一部は、漁業の対象として人間に直接利用される。しかし、人間が直接利用しない生物も、生態系の構成要素として大切な役割を担っている。

生態系を構成する多様な生物と水質などの環境条件は、互いに深く関係しあっている。たとえば、沈水植物（茎や葉を水中にもつ水草）は透明度の高い水中でないと生育できない。一方、水の透明度は、沈水植物が生育していると維持されやすい。沈水植物が増えると、植物プランクトンが増えにくくなるとともに水底の泥が安定するからだ。さらに、沈水植物は打ち寄せる波のエネルギーを弱める防波堤のような役割を果たして、ヨシ原などの水辺の植生を保護する。水辺の植生が発達すると、様々な昆虫や鳥類が生息するようになり、それらの動物は、水質の悪化のもとになる栄養塩類（窒素やリンなど）を湖の外に運び出す。このように多様な生物が関係しあって、水が清浄で生物が豊かな生態系が形成される。

2. 消えつつある日本の自然

　湖の生態系が健全に機能していれば、汚染の原因になる栄養塩を多く含んだ水が流れ込むなど、そのバランスを揺るがす事態が生じても、様々な生物の働きにより、元の状態にもどることができる。しかし、限度を超えた量の栄養塩が流れ込んだり、あるいは水質浄化の機能を支えていた生物が減少したり絶滅したりすると、バランスが崩壊し、水質が悪化したまま元に戻らなくなる。

　戦後の経済成長、都市化、農業の近代化の中で、日本の湖の水質は、悪化の一途をたどってきた。これは、生活排水や、肥料を多く投入する近代的農業からの排水が多く流れ込むようになったことに加え、湖の生態系の基盤となる湖岸の植生が失われ、生態系を構成していた生物が減少してしまった結果でもある。

干拓で消えた湖

　湖は人間による利用のために、様々に姿を変えられてきた。平野に存在する浅い湖は、排水・埋め立てによって干拓すれば広大な水田をつくる場に転換できる。浅い湖沼の干拓は江戸時代から進められてきた。しかし、戦後により多くの食糧を生産することを目的とした国営事業として進められたいくつかの干拓事業は、特に大規模で、日本の自然に大きな影響を与えてきた。

　国営干拓事業の第一号となったのは、京都の巨椋池（おぐらいけ）である。宇治川・木津川・桂川が合流する場所（現在の京都市伏見区、宇治市、久御山町）にあった湖で、オグラコウホネ、オグラノフサモなどの水草の名前の由来になったほど、水草や水生の生物が豊かな場所だった。全国でも非常に珍しい水生植物ムジナモが自生していたため、「巨椋池むじなも産地」として、天然記念物にも指定されていた。しかし、周辺の都市化や農業の変化に伴って水質が悪化し、それまで盛んだった漁業が不振になり、蚊の大量発生とそれによるマラリアの発生など、負の側面が強く認識されるようになった。その結果、食糧増産の政策を背景として、1933年から1941年にかけてポンプを用いた排水により干拓され、農地に変えられた。これにともなっ

て湖の生物の多くが絶滅した。天然記念物の指定も、1940年に取り消された。

　規模の上で最大なのは、八郎潟の干拓事業である。八郎潟は、かつては琵琶湖に次ぐ国内第2の面積（約2万2000ヘクタール）をもつ湖だった。日本海とつながるこの湖は、ワカサギ、シラウオ、ボラ、フナなど淡水と汽水の両方の魚が水揚げされる漁場でもあった。しかし、水深が最深部でも5メートル程度と浅い湖だったこともあり、国の食糧増産計画の中で、干拓・水田化の対象に指定された。湖を干拓して大規模な水田をつくる工事は、1957年に開始され、1977年に完了した。この事業で干拓された面積は約1万7000ヘクタールにおよぶ（58ページ参照）。

　人工的につくられた新しい農地での大規模な農業は、全国から選ばれた入植者によって開始されたが、その後、減反政策などのため、結果的には農民に大きな負担をかけるものとなった。一方、干拓後にも残された水面部分（八郎湖）は、水源となる「湖沼」として現在でも利用されている。しかし、近年では水質悪化が問題視されており、2007年に八郎湖は、水質改善への努力が特に必要な湖沼として国が監視する「指定湖沼」となった。干拓によって広大な農地が得られた一方で、湖の漁業資源や水資源をはじめ多くの「自然の恵み」が失われた例といえる。

湖岸で進行する変化

　大規模な干拓はなされず、広い水面が残されている湖沼でも、水と陸が接する部分である「湖岸」は人間の影響で大きく変化している。湖岸は多様な水分条件をもつ湿地や、水草が生育できる浅瀬を含み、本来はその水深の変化に対応して様々な動植物が生育・生息する場である。また、通常は湖の沖を生活場所とする魚でも、産卵や繁殖のためには湖岸の植生を利用するものは多い。さらに、湖岸の植生は湖の周辺から運ばれる土砂や汚染の原因となる物質がそのまま湖に流入するのを防ぎ、湖の水質悪化を防ぐ機能も担う。

湖岸の植生が広く発達するためには、陸から水中にかけて徐々に深くなる緩やかな地形や、広い浅瀬が必要である。しかし、多くの湖沼ではそのような地形自体が失われ、コンクリートや鉄の強固な垂直の壁に置き換えられている。これは「水位を上げて水を貯めてもあふれない」という、機能のみが追及された湖岸の姿である。

　霞ヶ浦は、そのような湖岸の改変が顕著な湖の一つである。1970年代以前の霞ヶ浦では、湖岸には簡単な堤防がつくられてはいたものの、生物が生息できる空間は広く残されていた。湖岸には、海岸のような砂浜が広がる場所や、ヨシやマコモなどの大型の植物に覆われている場所など、様々な状態が存在した。さらに、これらの湖岸の沖側の部分には、水草（沈水植物）が広い面積を占めて生育した。

　1970年代に入り水質の悪化が急速に進み始めると、その影響はまず沈水植物に顕著に現れた（169ページグラフ参照）。葉が水中にある沈水植物は、水中を透過してきた光を利用して生育するため、透明度の低下などの水質悪化の影響を受けやすいのだ。また人工護岸の建設は、ヨシ原のような抽水植物帯の減少を招いた。

　霞ヶ浦では1990年代半ばに、ほぼ全ての湖岸にコンクリートの人工護岸が完成した（61ページ参照）。これは、湖の貯水機能を最大限に発揮させ、かつ洪水被害を防ぐという点では大きな効果を発揮した。しかし、かつて湖岸の生態系が担っていた多様な機能は大幅に損なわれた。その影響は、在来生物の減少、漁業の不振、水質の悪化などに現れている。

植生の再生への試み

　近年では、湖岸に生育・生息する生物を守る意義や、湖岸の生態系の機能の重要性が徐々に認識されるようになり、「水瓶化」の工事や水位の改変のために失われた湖岸の生態系をよみがえらせる試みが開始されている。

　霞ヶ浦では、湖岸のコンクリート化で失われた植生を再生させる実験的な事業が2002年から行われている。霞ヶ浦では、湖岸の植

物の多くの種類が過去20〜30年間のうちに消えたが、その種子は、湖の底に土砂とともに堆積していることがわかった。そこで、これを利用した事業が進められている。

　湖底の土砂を、土木工事により再生させた湖岸に撒くという手法による事業では、霞ヶ浦ではすでに絶滅したと考えられていた植物を含め、かつての湖岸の植生を形成していたササバモ、コウガイモなどの沈水植物や、ヨシ原に生育するカヤツリグサ科植物など、数百種の植物が再生しつつある。湖岸の自然は、いったん失われはしたが、植物の種子という形で復活の可能性が維持されていたのだ（61ページ中央写真参照）。今後は、まだ種子が生き残っている間に、このような湖岸の再生を広く展開することが望まれる。

失われた水辺と河川の連続性

　河川や湖沼、その周辺の湿地に接する集落は、水から様々な恩恵と災いを受け、独特の文化を育んできた。水がつくる自然とそこに密着した暮らしがつくる景観は「水郷」と呼ばれる。茨城県南部の潮来市周辺は、日本の代表的な水郷地帯である。かつてはエンマとよばれる細い水路が毛細血管のように地域を覆い、そこには農業用の船であるサッパブネが行き交う風景があった。この情緒ある風景は、江戸時代からこの地域を観光の名所にしてきた。

　水郷での人々の暮らしは全てが水に密着していた。飲用・炊事用の水はエンマや湖から汲み、水辺に生えるヨシやマコモは屋根材や筵に利用され、沈水植物は水田の肥料に使われた。魚採りは、湖や川だけでなく、より身近な水であるエンマや水田でも行われた。エンマでのウナギ採り、カラスガイ採り。雨で水位が上がった後に水田に上ってきたコイやフナは手づかみだった。水郷での伝統的な暮らしは、洪水による被害など苦労も多いものであった一方、自然の恵みに満ちたものでもあった。

　水田にコイやフナが入ってきたのは、水田・エンマ・湖が、相互に生物が行き来できる連続したシステムだったからである。専用の

2. 消えつつある日本の自然

霞ヶ浦における植生面積の減少

(ha)

凡例：
- ●　抽水植物
- ■　浮葉植物
- ▲　沈水植物

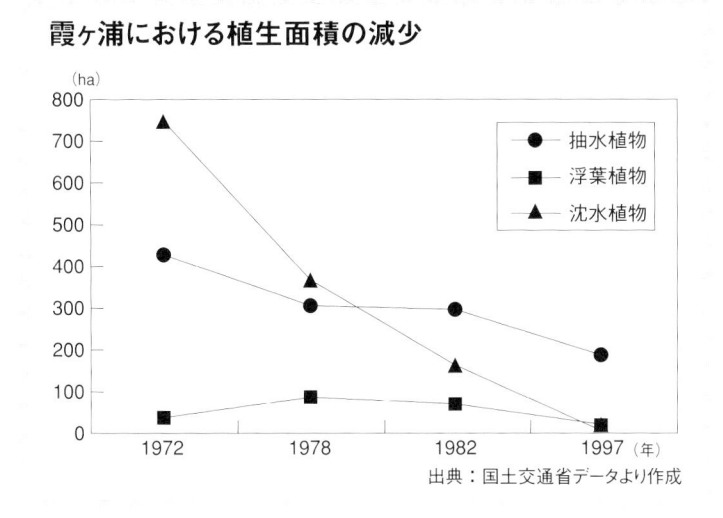

横軸：1972、1978、1982、1997（年）

出典：国土交通省データより作成

グラフは、霞ヶ浦を構成する湖沼のひとつ、西浦の湖岸にある植生帯の面積の変化を表す。抽水植物とはヨシのように葉を水面から上に出している水生植物、浮葉植物とは葉を水面に浮かべる植物、沈水植物とは茎も葉も水中にある植物を指す。特に沈水・抽出植物が減少していることがわかる。

パイプやコンクリート水路によって給排水される、現代のほ場整備事業が行き届いた水田では、そのような生物の移動ができない（60ページ参照）。ほ場整備により農作業の労働の軽減、収量の増加という点では大きく進歩したが、水田がもっていた「湿地」としての多様な役割は失われた。

このように身近な自然が変化すれば、人々の、自然や野生生物に対する認識も変わる。身近な生きものの名前を聞いたら、年配者は小学生の何倍もの数を挙げることができるだろう。様々な野生の生物と日常の中で触れ合ってきた時代から、ペットや園芸植物としか触れ合う機会のない時代への変化。多くの野生生物とともに、地域に特有の文化や知識も失われてしまうのではないだろうか。せめて、小規模でも良いから、その地域でかつて身近だった生物と触れ合うことができる場を残したいものである。

海岸

東京湾、大阪湾など大都市周辺を皮切りに
1960年代には全国各地で進んだ海岸の改変。
改変は生物に打撃を与え、ウミガメが産卵できない、
ハマグリが浜辺から消えるなどの非常事態が起きている。

文/向井 宏・「海の生き物を守る会」代表

　海岸を歩いてみよう。今はコンクリートで護岸されているところが多いので、本来の海岸がどのように成り立っていたかがわかりにくいかもしれない。そこでまずは島などの比較的自然が残っているところを歩いてみよう。

　いくつかの海岸沿いに歩いてみると、海岸には砂浜と岩礁が交互に現れることがわかるだろう。海岸は直線ではない。海に突き出したところは岩礁になり、凹んだところには砂がたまり砂浜になっているはずだ。つまり、海岸線の基本構造は、岩礁と砂浜からできている。岩礁と砂浜がセットになって、それが連なって海岸ができていることがわかる。(171ページ写真参照)

　そうではないところもある。海岸に川が流れ込んでいるようなところでは、砂や泥が川から流れてきて、河口付近で堆積し、広い干潟ができている。干潟とは、砂や泥がたまって平坦な場所ができ、満潮になると海の中に沈み、干潮になると海面より上に出てくるところをいう。

　このように地形の大本は岩盤の形で決まり、さらに水による砂や

海岸の基本的な構造

典型的な海岸の様子。海岸は直線ではなく、砂浜と岩礁が交互に現れる。

上／撮影・亀井清至

　泥の運搬と堆積によって、岩礁の間の凹んだ海岸に土砂がたまり、さらに川が土砂を運んで、海岸の基本構造（砂浜と干潟）が出来上がる。

気候によって異なる海岸の構成

　海岸の基本構造は岩や砂と水の動きによって決まるが、それに生物が加わることによって海岸はさまざまな様相を呈するようになり、多様な生態系が出来上がる。たとえばサンゴ礁は、ヒドロ虫の仲間の石サンゴ類の動物が岩盤の上に骨格でつくった地形である。サンゴ礁は、岩礁と砂浜という基本構造とは異なる地形を作り出しており、熱帯や亜熱帯の地方の海岸の基礎的な構成要素である。

　このようにサンゴ礁、海藻藻場、海草藻場、マングローブ湿地、

後背植生地、カキ礁などの要素が、生きものの活動で海岸に作り上げられる地形や生態系として挙げられる。

　これら無生物（砂と岩と水）と生物の作り上げたものが、海岸の自然を作っているが、これらの海岸の構成要素は常にどこにでも現れるものではない。とくに気候帯によってその出現場所が異なる。それは主に、海岸の自然を作る生物の分布で決まっている。熱帯にすむものと温帯にすむもの、寒帯にすむものでは生物に違いがある。そのため、当然寒帯と温帯と熱帯では海岸の自然の構成にも違いができる。

サンゴ礁がつくった熱帯地方の海岸

　それでは、まず熱帯・亜熱帯地方の海岸の構成について説明しよう。日本では、鹿児島県の奄美大島以南、沖縄県に見られる海岸である。

　熱帯地方の海岸は基本的に「マングローブ湿地」「海草藻場」「サンゴ礁」の3つの要素から成っている。大きい川が流れ込んでいるところの河口周辺や、深く入り込んでいる内湾の中などでは、砂よりも泥が多く、そこはマングローブ湿地となっている。もっとも、マングローブといわれる植物群は一種ではなく、オヒルギ、メヒルギ、ヤエヤマヒルギなどのヒルギ科の植物やニッパヤシのようなヤシ科の植物も含まれるために、細かい泥からかなり粗い砂までマングローブ湿地が成立している。

　大陸から遠い島などでは、マングローブ湿地があまり発達していないところもある。

　マングローブ湿地の沖には海底が泥や砂になり、ウミヒルモやリュウキュウスガモなどの海草類が生えている。その沖にサンゴ礁が発達している。熱帯の海岸をもっとも特徴付けるのがサンゴ礁だが、かならずしもどこの海岸でもサンゴ礁があるわけではない。大きな川が流れ込んでいれば、マングローブ湿地の割合が高く、サンゴ礁の発達は少なくなる。一方、大きい川がないところや離島などでは、

マングローブ湿地よりもサンゴ礁がよく発達するようになる。海草藻場は、どちらの場合もそれぞれ異なった種類組成の藻場を形成している。

　海草藻場があまりない海岸もあるが、それはたとえば、潮汐差が非常に大きくて海草が生育できないような場所などであるが、例外的といってよい。熱帯にも河口には干潟ができるが、これはマングローブ湿地－海草藻場－サンゴ礁という基本構造に川が影響を与えたものということができる。熱帯の砂浜や干潟の砂は、サンゴやサンゴモ（海藻）や、有孔虫などの殻が積もってできたものが多いのが特徴である。サンゴ礁が隆起してできた島の砂浜の砂は99％がこれら生物がつくったものであることも多い。岩礁は、多くの場合サンゴが着生してサンゴ礁に変化している場合が多いので、一部を除いて海岸の基本的な構造にはなっていない。また、海藻も大型のものが少ないので、ガラモ場や水中林のようなものが形成されない。

海藻藻場が特徴的な寒帯・亜寒帯の海岸

　それでは、温帯の海岸はどうだろうか。

　熱帯のマングローブ湿地－海草藻場－サンゴ礁のセットに対して、温帯（日本では本州・四国・九州がそれにあたる）では、砂浜－アマモ場－岩礁が海岸の基本構造になっている。海草藻場を構成するのは、熱帯や亜熱帯と違ってアマモという長い葉をもった種類で、浅い砂や泥の海底に生えている。ごく岸よりでは小型のコアマモが生えている。岩礁は温帯地方では、サンゴではなく海藻が生育していわゆるガラモ場やコンブ場などの海藻藻場・水中林を形成している。川の影響が見られる岩礁や粗い砂の干潟などでは、カキが岩や石に付着してカキ礁ができることがある。

　寒帯・亜寒帯の海岸は、日本では北海道で見られる。温帯の砂浜－アマモ場－岩礁の海岸セットとほぼ似たような海岸が寒帯・亜寒帯では見られる。しかし、岩礁は豊富な海藻類で覆われて、海藻藻場や海中林が形成されており、カキ礁も規模の大きいものが見ら

れることがある。

阻害された「流砂系」のシステム

　干潟や砂浜は粒径1ミリよりも細かい砂や泥でできている。これらの砂や泥は干潟や砂浜に昔から未来までずっと居続けているわけではない。実は、これらの砂や泥は「流砂系」と呼ばれ、流動するシステムである。砂浜や干潟をつくる土砂は山から川を通してやってくる。雨が降って山の斜面の土砂が少しずつまたは大雨のときには一気に川へ流れ込み、川から河口に運搬される。河口にやってきた土砂は河口付近に溜まって、河口干潟を形成する。さらに海に流れた土砂は、沿岸を流れる海水の流れによって横に運搬されて、海岸の砂浜を作る。海岸の砂浜の一部は波によって陸に打ち寄せられたり、沖に流されて深い海に流失したりする。

　この流動する砂の系を流砂系と呼んでいる。流砂系は雨－川－海－水蒸気と循環する水の系とよく似た経路を持っているが、水と違って砂は循環しない。一方向だけの流れである。そのために砂浜や干潟を維持しようとするには、この流砂系がちゃんと働いている必要があるわけだ。

　まず第一に砂の供給は流域の山からもたらされる。流域の植生、地形、開発の様子、利用形態、などの陸上生態系の様子によって砂の供給量もパターンも異なる。開発が進み森林が大規模に伐採されれば、土砂崩れや大雨後の土石流の発生などによる土砂の供給は過剰・突発的になり、河川生態系や下流の沿岸生態系にさまざまな影響を与える。当然、干潟や砂浜の形成に正と負の影響が考えられるだろう。

　一方、山地においては、土石流の防止のために砂防ダムが設けられている。これにより砂が堆積し下流側への土砂供給が著しく減少する。また貯水用のダムも土砂の下流への供給を極度に減少させ、流砂系の連続性を絶つ。河川の中下流部は、土砂が運搬され一時的に堆積したりして、それ自体が生物の重要な生息場になりながら下

流へとつなげる。この中下流の河川の土砂量や、流路、植生などの人為管理が、下流への土砂供給量とそのパターンに影響を与える。当然ながら河川での砂の採取は下流沿岸域の砂浜や干潟の維持に負の影響を与えている。

　河口から海岸に出た土砂は、一部は深海に向かって流出し、残りは沿岸漂砂となって砂浜を維持する。その流砂の動きは、粒径によって挙動が異なるし、生息場としての機能も違う。流砂の動きを阻害する要因として、河口域や海岸における港湾の建設と防波堤の建設・延伸がある。海岸の浸食や砂の流出を防止するために作られている突堤やヘッドランド（人工的な岬）は砂の浸食を防止する効果があるが、同時に新しい漂砂の供給を止めてしまう効果も持っている。さらに、海砂の採取や航路浚渫（しゅんせつ）が海岸浸食を進めている実態もある。

海からの贈り物が消えた日本の海岸

　かつて人々は遠浅の砂浜で沖の方に出て足で砂の中にすんでいるハマグリを探して獲り、泥や砂の干潟ではアサリやバカガイ、マテガイなどの貝類を採集し、岩場では岩海苔やマツモを集め、その日のおかずや味噌汁の実として利用していた。夏になると子供たちは砂浜を駆けめぐり、水と戯れた。海水浴場の砂浜は人々の憩いの場を提供していた。季節季節で人々は海からの贈り物をいただき、その日の糧としていた。このような人と海とのつながりはいま、日本に残っているだろうか？

　日本は島国なので海岸線が非常に長いのが特徴だ。海岸線の長さでは世界でも上位にある。環境省が行っている自然環境基礎調査（「緑の国勢調査」と呼ばれる）の中の日本の海岸基礎調査から日本列島の海岸における自然海岸の割合を見ると、実に本州・北海道・四国・九州の四島でコンクリートによる人工化がない自然海岸は49％しかない（1982年の環境庁『日本の自然環境』より、177ページ図参照）。一部にコンクリート構造がある半自然海岸を入れると

全体の3分の2となるが、その多くは島嶼部だ。

　最初に海岸の自然が破壊されたのは、大都市周辺の海辺であった。東京湾や大阪湾などの海辺が土地を最大限利用する目的でコンクリートで護岸され、埋め立てはどんどん進み、工場ができ、人口が増えるにつれて高層住宅が海辺を埋め立てて造られるようになった。そして1960年代からの高度成長時代を迎え、全国各地で同じような海岸の自然破壊が始まった。

　もっとも著しいのが瀬戸内海だった。浅い海が広がる瀬戸内海の干潟やアマモ場は、まず埋め立ての適地として狙われ、どんどんなくなっていった。埋め立て用の土砂は海砂を使うことが多かったので、埋め立てられなかったところも、海底土砂の採取で流砂がすすみ、砂浜も消滅していった。瀬戸内海のアマモ場は、この前後で全体の70％以上が失われてしまった。東京湾では95％の干潟がなくなった。

殺されかかっている日本の海

　こうして日本全国の海岸は埋め立てられて、海辺はコンクリートで護岸が作られ、海に出ることもなかなかできなくなった。埋め立て地は企業などの私有地となり、海岸への道路は立ち入りが禁止されているところも多い。住民はかつての浜辺に立ち入ることも困難である。そして至る処に「立ち入り禁止」「危険に付き遊泳禁止」「魚介類採取禁止」の立て札が立ち並ぶ。

　埋め立て地の沖は掘り込まれて深みになっており、住民のその日の糧を獲ることもできない。子供が水浴びをして遊ぶところもなくなってしまった。浜辺に行くことができても、アサリを掘るのもお金を払わないといけないところがほとんどである。そしてハマグリなどの多くの貝類が浜辺から姿を消してしまった。海辺に住む人々が日々の糧を浜辺に求めることはきわめて困難になった。

　砂浜の陸側はほとんど垂直なコンクリート護岸で陸と断絶させられて、もっとも陸側にあった塩性湿原もヨシ原も海浜植物帯がなく

2. 消えつつある日本の自然

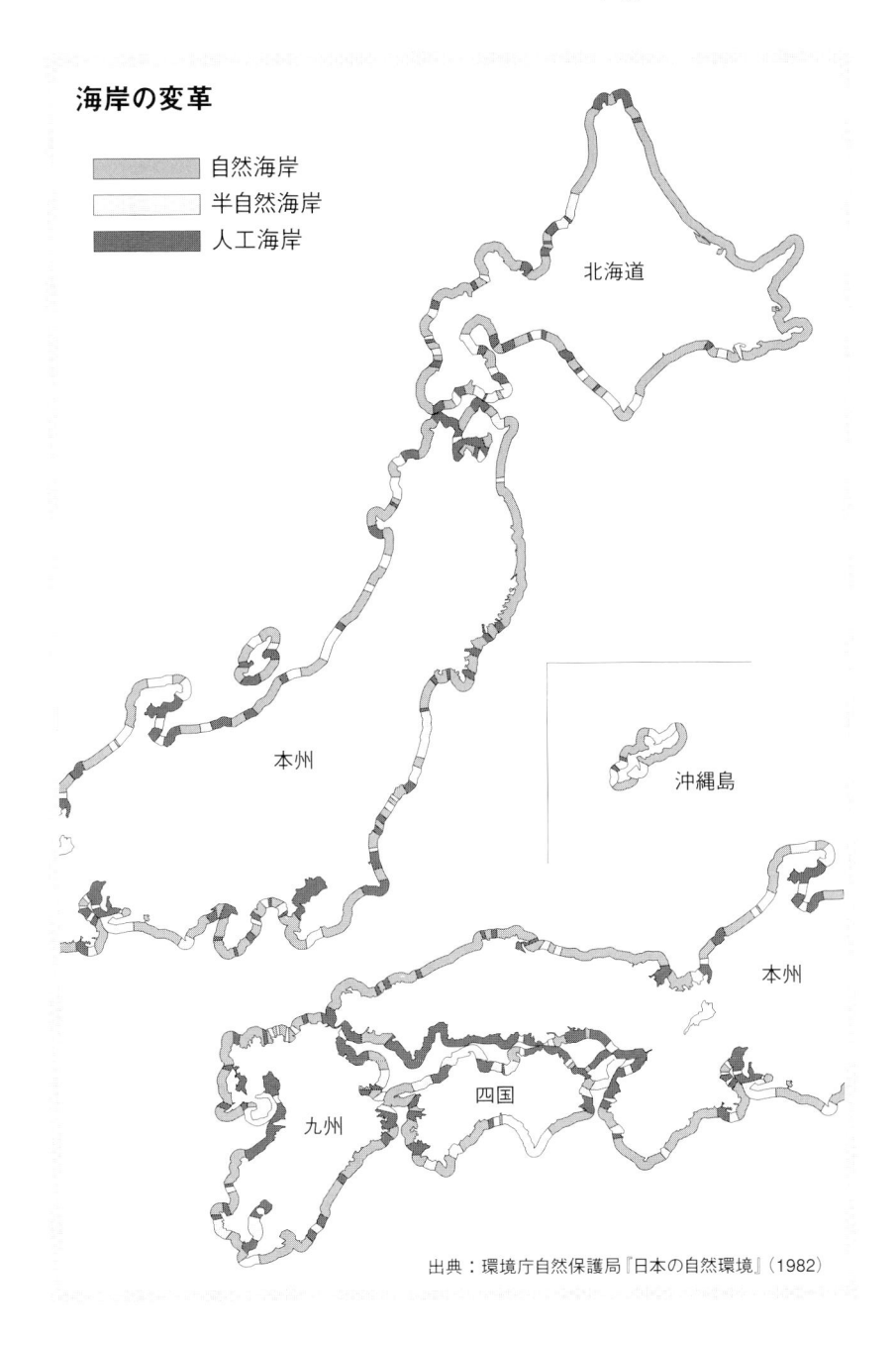

海岸の変革

- 自然海岸
- 半自然海岸
- 人工海岸

北海道

本州

沖縄島

本州

九州　四国

出典：環境庁自然保護局『日本の自然環境』(1982)

なってしまった。人間の利用で作られてきた防潮林（浜の松原など）ともコンクリートで隔てられ、林もやがて切られてコンクリート護岸の直前まで家が建ち並び、陸からの砂の供給もなくなってしまった。

　ウミガメ類は夜の砂浜にあがってきて、砂浜の上部で産卵する。日本では、本州関東以南の太平洋岸でアカウミガメが主として産卵し、九州以南ではアオウミガメの産卵も見られる。しかし、多くの砂浜では、砂浜の上部にコンクリート護岸があったり、砂の浸食で浜崖ができてのぼることができなくなってしまった（74ページ参照）。ウミガメ類の産卵できる場所はもう限られたところになってしまった。

　海岸の人工化ばかりではない。沿岸の海は陸から流される栄養塩が多すぎて、富栄養化してしまった。そのために赤潮が起こり、多くの海の生きものが死に、海底にはヘドロが溜まり、夏には無酸素状態が続くように汚れてしまった。海底から土砂を採取したあとのくぼみには海水が停滞し、硫化水素が発生して、青潮が沿岸を襲うようになってしまった。生きものはどんどん死滅し、局地的な絶滅は枚挙にいとまがないほどになったが、陸上生物と違って海の生きものは、人目に触れることが少ないために、人知れず絶滅する種はおそらく多数にのぼっているだろう。生物の多様性は著しく低下した。磯の生きもののにぎわいは昔と比べものにならないほどになくなって来つつある。

　海岸の埋め立てや人工化は、内湾では潮流を変化させたり、生物による海水浄化作用を減少させたりして、水質にも大きい影響を与えるようになってきた。諫早湾の干拓事業と称する海面埋め立てが有明海全体の生態系を大きく崩壊させた事例は、ごく最近の顕著な例である。同じことはすでに東京湾や瀬戸内海で起こったことだ。日本の三大内湾がこれですべて殺されかかっているということができる。

深刻な外来種による生態系への被害

　近年、海藻藻場で海藻がなくなる磯焼け現象が広がってきている。サンゴ礁ではサンゴから共生藻類が逃げ出す白化現象が広がっている。どちらも水温の上昇が引き金になっているといわれている。これらも人為的な影響が沿岸の生態系に甚大な被害をもたらしつつあることを示している。水温の上昇には、二酸化炭素などの温暖化ガスの排出が増えていることによる気温の上昇が原因であるが、日本近海では原子力発電や火力発電の際の温排水の恒常的な排出が原因の一つともなっている。これも電気を使い続ける現代の文明が引き起こしている自然改変（自然破壊）の一面である。

　さらに近年には、人間の活動が地球規模に拡大したことによって、多くの外来生物が日本に生息するようになってきている。これらの外来種が生態系へどのような影響を与えるかは種によって異なるために一概にはいえないが、直接・間接を問わず、在来の生態系に与える影響は無視できなくなってくるだろう。すでに東京湾や瀬戸内海などの人工岸壁や護岸に付着している生物の大部分は外来種であるという状況になってきており、在来種による生態系はすでに大きく変化している。

　一度入ってきた外来種を排除するのはきわめて大きな努力と資金と時間が必要とされる。日本の海洋生物の外国からの移入は、主に2つの原因がある。1つは船のバラスト水や船底に着いた付着生物の移入。これは意図しない導入である。もう1つの原因は意図的に、もしくは意図的に導入したものに付随して入ってきたものである。水産事業がその大きい原因である。アサリなどの貝類は中国など東・東南アジアから移入して国内に放たれている。それに伴う海産動植物の移入は著しい。日本からカキの輸出に伴う動植物の移出も世界各地で問題を引き起こしている。

かつての海岸を取り戻すために

　現在、各地で「里海」を取り戻すというかけ声でいろんな取り組みがなされている。しかし、そのどれも本来の「里海」を取り戻せるとはいえない。「里海」と称して海に手を入れて再び海を人間の管理下におこうとする試みのように見える。これまで人間がやってきたことが、海岸の自然をこれだけ破壊してきたことなどなかったかのように。

　2003年に自然再生推進法が施行され、それに伴って各地で自然再生事業が行われるようになった。沿岸の生態系関係では、椹野川河口干潟、石西礁湖サンゴ礁、中海の再生の3つの課題が自然再生推進法に基づいてとりくまれている。一方、国土交通省や農林水産省では、それぞれの予算の中で独自に自然再生事業にとりくんでいるが、どうも本当の意味の干潟や砂浜の再生とは言い難い事業が多い。たとえば、干潟の再生といいながら、今まで干潟などなかった場所に土留め工事をして砂を大量に入れて干潟の再生、そこにアマモを植えて、アマモ場の再生と称している。

再生に必要な森と海の健全なつながり

　上述したように、海岸や干潟の本当の再生を目指すためには、自然の再生力を最大限利用・尊重する必要がある。これらの場所における土砂移動の実態を把握するとともに、ダム・港湾などの砂の動きを止める構造物の影響を考慮する必要がある。もちろん土砂収支を長期的にバランスすることなしには流砂系としての砂浜や干潟の維持・保全の展望は得られない。つまりは、河川管理で行われる水の流量配分と同様に、土砂についても流砂系全体について移動量がわかるようにしなければならない。

　その上で、地形や地質、気象などのそれぞれの地域の特性に適合した具体的な保全・再生を行わなければならない。地形や流砂系の再生なしに干潟や砂浜の再生はできないことを知らなければならな

い。それなしで行った干潟や砂浜の再生・創成は、結局のところ永久に人間が手を加えなければ維持できないものでしかない。それを「里海」と称するなら、「里海」とは自然再生と懸け離れたさらなる自然破壊の仕掛けに過ぎないことになるだろう。

　それでは海岸に豊かな自然と生物の多様性を取り戻すにはどうすればいいのだろうか？　迂遠ではあっても、森から海へと繋がる水の循環と砂の流れを一つずつ回復させ、砂浜や干潟が自らの自然の力で存続できるようにしなければならない。その時に、一時的に人間が手助けをすることができる。それが本当の意味の自然再生事業になる。そのためには、研究者が水の循環と砂の流れを科学的に解明し、市民が現在行われている事業の問題点を認識できる知識を持つ必要がある。

消える生物②
50％以上の種が絶滅危惧種となった淡水魚

文／細谷和海・近畿大学大学院農学研究科

　近年、地球環境の悪化に伴い、「レッドデータブック」「レッドリスト」という言葉をよく耳にする。絶滅危惧種を掲載した解説書やリストのことだが、この名前は、スイスにある国際自然保護連合（IUCN）が、1966年に地球上の絶滅に瀕した生物を危険度に応じて分類した資料の表紙がたまたま赤かったことに由来する。そして、今や「赤」は絶滅危惧種のシンボルカラーとなっている。

　日本でも1991年に環境庁がレッドデータブックを国内で初めて刊行した。その中に掲載された動物でここで取り上げたいのが、淡水魚だ。

　淡水魚は、絶滅を危惧されるさまざまな動物の中でも、特に危機的状況にある。日本のレッドデータブックやリストはその後も更新が続いていて、2007年版のリストには、淡水魚は絶滅種、絶滅危惧種、準絶滅危惧種を合わせ、計174種が掲載された。日本の在来淡水魚の種数は約300。リストに掲載された淡水魚の種類総数は日本の在来淡水魚の実に半数を超えた。この比率は、昆虫や植物など他の分野と比較しても、圧倒的に高い。

メダカがいなくなったわけ

　これほどまでに淡水魚が減少してしまったのはなぜか。環境省がレッドデータブック（2003年）の中で挙げた、野生生物の存続を脅かす原因は28項目ある。魚種ごとに減少の理由が細かく異なってくるわけだが、どの理由もすべて根幹には人の活動がある。ここでは、アメリカの魚類学者モイル博士が挙げた、

2. 消えつつある日本の自然

　在来魚類の多様性と資源を脅かす4つの人の活動、すなわち生息地の改変、外来種、水質汚染、乱獲、に沿って淡水魚減少の原因について説明していきたい。

　生息地の改変とは、開発により自然環境が人工化されることで、国土面積の狭い日本列島ではことさらに影響を受けやすい。特に河川にダムなど流れを横断する工作物が作られると、河川と海を往復する回遊魚の遡上に一気に影響を与える。たとえば、2007年のレッドリストには、川で産卵し稚魚が育つ回遊魚のヤツメウナギの一種であるカワヤツメがあらたに絶滅危惧種に指定され、急減している現状が明らかになった。このことは、海からやってきた親魚が繁殖場まで行き着くことが以前にも増して困難になっていることを示唆している。2007年絶滅を宣言されてしまった日本産チョウザメも回遊魚であり、同じ理由によって減少した可能性が高い。

　農業の近代化の影響も非常に大きい。特に、ほ場整備はわが国の在来淡水魚にとって最大の負の効果をもたらしたと考えられ、水田周りの淡水魚は壊滅的な影響を受けている。水はけをよくするために農業排水路と水田の落差が1メートル近くつけられるケースが多々あり、そのため親魚は排水路から産卵場となるはずの水田に移動できなくなり、繁殖が阻害されるのだ。おまけにほとんどの水路は3面がコンクリートで護岸されている。コンクリート護岸されると土砂がなくなり水草が生えなくなる。水路から障害物がなくなるから流れが強くなりすぎて、魚やその餌となるミジンコが静止できなくなる。童謡に歌われるほ

消える生物 ②

ど身近な淡水魚だった水田のシンボルフィッシュのメダカまで、2003年には、レッドデータブックに掲載されたのも、こうしたほ場整備が原因だ。その後のリストでは、さらに水田周りに多く見られる新たな魚種が、追加されている。

　一方、外来種の導入は在来の生態系にとって取り返しのつかない結果を招くといわれる。日本では、主にスポーツフィッシングのために輸入、河川や湖沼に放流されてしまったブラックバスとブルーギルの影響が大きな問題となっている。外来魚の影響は、特に、ため池、湖、流れのない河川や農業水路での被害が甚大で、全長8〜15センチ前後の小魚であるイチモンジタナゴ、ゼニタナゴ、シナイモツゴ、ホンモロコが、2007年に一番絶滅が危惧されるレベルへランクアップされたことは、外来魚による食害が原因と考えられる。ゼニタナゴの生息地は、関東ではすでに消滅、最後の砦である東北地方でも10もないと見られている。残っている生息地はいずれも外来魚の侵入がないため池である。

　また、淡水魚にとって致命的なのが水質汚染だ。これには、富栄養化、工業排水・下水・鉱山廃水の流入、農薬の影響などがある。日本で2008年までに絶滅した4種の淡水魚の一つであるクニマスは、秋田県田沢湖に生息していた魚。1940年、水力発電などのために玉川の水が田沢湖へ導入されたことで絶滅した。玉川の水には強酸性泉で知られる玉川温泉の水が流れ込んでいるためだ。

　日本では淡水魚が食用目的で乱獲される事例は少ないが、鑑賞を目的とした採集は頻繁に行われ、これも希少淡水魚にとって脅威となっている。全長10センチほどのイタセンパラは、二枚貝の中に産卵するという習性をもつが、琵琶湖・淀川水系の生息地では、卵や稚魚を育む二枚貝が根こそぎ密漁されたという。レッドデータブックに掲載されている希少淡水魚は、どれも可憐で飼育も容易だ。鑑賞目的に野生の希少淡水魚を個人的に採集したり、ペットショップやホームセンターで購入することは、結果的に絶滅を早めることに通じる。

　生物の多様性の保全を目指す世界的な条約である「生物多様性条約」を日本

2. 消えつつある日本の自然

が締結したのが1992年。その後、政府は日本の在来野生生物を守る国家戦略を何度かにわたり示している。その中では、自然保護の理念と保護対象の拡大、自然再生、そのための具体的提案と連携・共同を目標に掲げている。残念ながら、その後も、レッドデータブックやリストに掲載される動植物は増え続けており、努力の成果はそこからは読み取ることはできない。多くの保護施策が実効性を持たないからだろう。経済成長の名の下に開発が優先される姿勢があらたまなければ、淡水魚の絶滅に歯止めは利かないのだ。

シナイモツゴ 　　　　　　イチモンジタナゴ

イタセンパラ 　　　　　　ホンモロコ

提供：細谷和海

干潟

開発により多くが消失した
海辺の湿地、干潟。
残された場所でも環境の変化から
生物が消えつつある。

文／風呂田利夫・東邦大学理学部生命圏環境科学科

　かつての干潟は、春になって暖かくなると潮干狩りの人で埋めつくされた。今でも条件がいい干潟では、アサリやシオフキ、バカガイなどたくさんの二枚貝がとれ、カニ類や、釣り餌ともなるゴカイ類、さまざまな稚魚が数多く生活している。そして、これらの生物を餌とするシギやチドリの渡り鳥もたくさん訪れる。干潟は、生物の活動で満ちあふれている。
　引き潮で現れた干潟の表面には太陽光が照り注ぎ、その光を使って眼に見えない無数の小さな藻類が成長し、動物たちの餌となる。一方、上げ潮のときには、プランクトンをたっぷりと含んだ海水が沖から運ばれて来るので、干潟の小さな動物たちは、干潟で育つ藻類と、沖で育ったプランクトンの両方を餌とすることができる。そうして成長した動物をもっと大きな魚や鳥、そして私たち人間が食べる。干潟ではこうした食物連鎖を通して、生物の生長を支えると同時に、海水の中から赤潮を引き起こす栄養塩類や有機物を取り除いて、海水の浄化を行っている。
　さまざまな生物が暮らし、海の環境を保全する貴重な環境として、

近年、干潟の保全と再生に関する社会的関心が高くなっている。しかし、1960年から70年代の経済高度成長期の沿岸埋立てをはじめとして、経済成長がめざましかった20世紀に日本各地の干潟は大規模に失われた。干潟を堤防で囲んで干拓して水田や農耕地が開発されたり、土を盛って埋立て大規模な工業用地や港湾がつくられた。現在日本の主要都市がある、東京湾、伊勢・三河湾、大阪湾、瀬戸内海、北九州の大規模工業地帯は干潟の消失のうえにで出来上がったといっていい。東京湾ではすでに90％以上が失われ、大阪湾では干潟は消失した。

　このような大規模な埋立てによるものだけではない。平野の河口部やリアス式海岸の入り江の奥など日本各地に点在した小さな干潟も、河川の改修、漁港建設、干拓などによって、次々に姿を消した。干潟の消失は、日本の豊かな自然環境の消失の典型的な姿を映している。

　21世紀に入って、干潟の大切さへの理解が深まり大規模な干潟の埋立ては減少した。しかし、残された干潟は、すでに海岸線も地形も大きく変わっている。またダム建設や河川管理により干潟の土台となる土砂供給がなくなった。さらに周辺の海底が掘り下げられたり防波堤が建設されたりすることで、干潟への土砂の供給や水流の条件が大きく変わってしまった。そのため残された干潟でも、あるところでは浸食が進み、またあるところではアオサ（海藻の一種）やカキの大量増殖により、物理的条件も生物相も大きく変化しつつある。消失を免れた干潟をどう守って行くのか、失われた干潟をどうやって再生するのか。未来に向けた課題は大きい。

干潟が生物の宝庫であるわけ

　ここで、具体的に干潟とはどんなところであるかを見てみよう。

　干潟は文字通り「干上がる潟」、潮が引いたときには底が現れる湿地である。海水浴場となるような砂浜との大きな違いは、干潟は干潮時にも水を多く含む浜であることだ。砂浜では砂が荒く、潮が

引くと浜はサラサラに乾くが、干潟は細かい砂や泥が多く、また遠浅であるため、潮が引いても水たまりや水路が残るほど十分な水が保たれている。つまり干潟とは、満潮のときは浅い水の中にあり、さらに潮が引いても水が抜けきらずに湿地環境が維持される遠浅の海岸をさす。

　この湿地である干潟にいる生物はカニや貝、そしてゴカイなど、海の生物の仲間だ。海の生物にとって干潮時に空気中に出るのは本質的に苦手で、身の回りには常に水が必要である。干潟には常時水が保たれている。それが、多くの海の生物が生息できる理由だ。また干潮時に干上がることで、大きなカニや魚はなかなか、この環境に入ってきにくい。そのため、小さなカニやエビ、ゴカイ類など、大型動物の餌になりやすい小型動物や、魚の稚魚などがたくさん生活できる。干潟は干潮時の湿地環境で生き残れる小さな生物にとっての安全な避難場所でもある。

多様な地形が生む多様な生物

　こうした干潟の保全と再生を図るには、まず、干潟の成り立ちや地形の特徴を、少し詳しく理解する必要がある。

　干潟は、「前置層」と呼ばれる川から運ばれた土砂が、海岸で堆積してきた台地の上に広がる。前置層の上で、潮の満ち引きの周期により干出（干潮のときに水面の上に現れること）と水没を繰り返すところが干潟となるわけだ（189ページ上の図参照）。大きな干潟は潮の満ち引きの差の大きい太平洋岸や東シナ海の海岸にあり、本州の日本海では潮汐差がほとんどないため広い干潟はない。

　砂や泥でできた地盤のため、砂泥の移動や流出で簡単に地形が変わる。そのため、干潟の地形が安定して残るためには、土砂が供給され続ける一方で、土砂を運びさる強い流れや外洋から押し寄せる大きな波から保護されていることが必要である。

　干潟は一見すると、平坦で均質な構造に見えるが、できる場所により地形や環境が異なる。平野部の海岸では、河口の中には河口干

2. 消えつつある日本の自然

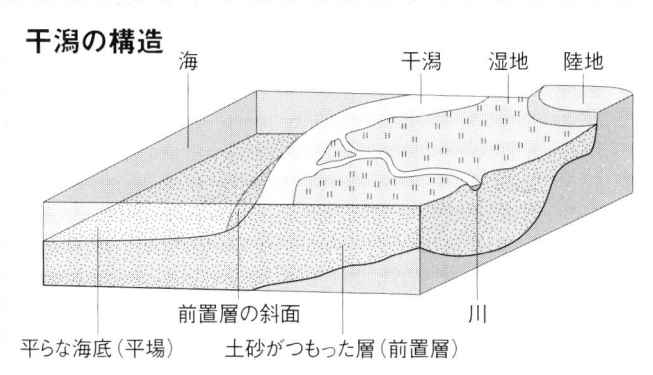

干潟の構造

- 海
- 干潟
- 湿地
- 陸地
- 平らな海底(平場)
- 土砂がつもった層(前置層)
- 前置層の斜面
- 川

出典:貝塚爽平『平野と海岸を読む』(1992、岩波書店)を改変

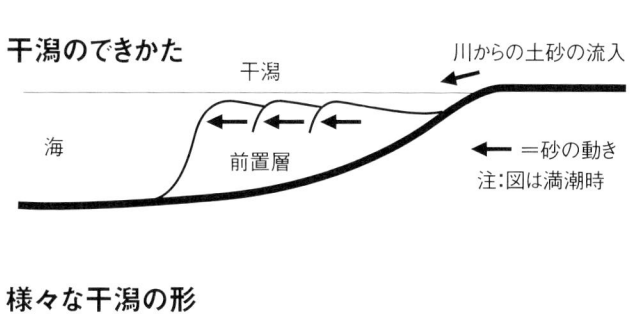

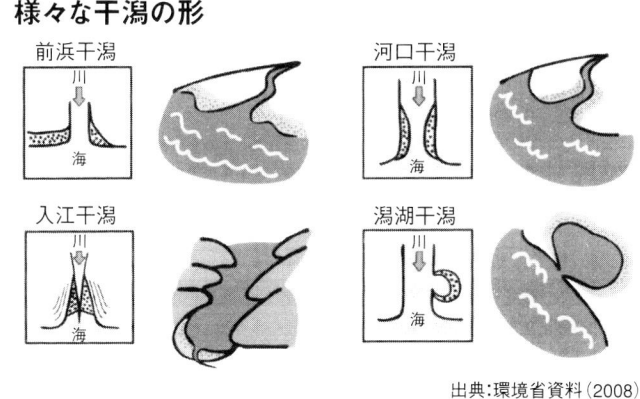

干潟のできかた

- 海
- 干潟
- 前置層
- 川からの土砂の流入
- ← =砂の動き
- 注:図は満潮時

様々な干潟の形

- 前浜干潟
- 河口干潟
- 入江干潟
- 潟湖干潟

出典:環境省資料(2008)

潟、砂浜海岸の砂丘の後ろのくぼ地に川と海の水が入り込んでできた湖（潟湖）の中には潟湖干潟、そして入り口の狭い東京湾の様な内湾の前面には、海岸線に沿って広がる前浜干潟ができる。これらのうち、前浜干潟は規模が大きく、潮干狩りや漁業の場として人間との関わりも強い。一方、リアス海岸のような山が海にせまる入江の奥の河口部には、入江干潟ができる（189ページ下の図参照）。

　これらの干潟はそれぞれ、陸から海、あるいは川から海へと緩やかに環境が変化する。干満の影響を受けない森林や草地から、海水と淡水が混ざる汽水の湿地（塩性湿地）、塩性湿地内の池や水路の周辺の小規模な干潟、そして海に開けた前浜干潟と、多様な地形が連続的に交代する環境が生まれるのである。それぞれの地形要素では、植生、干出時間、塩分濃度、干潟の砂や泥の割合など生物にとっての生息環境も大きく異なる。そのため、多様な環境に適応したさまざまな種類の生物が生息することになる（191ページ図参照）。干潟生物の多様性はこのような干潟環境の多様性により維持されている。

残った干潟から生物が消える

　多くの干潟は埋立てにより消失したが、小さくはなったもののところどころに干潟は残っている。では、残された干潟の生物はどうなっているのだろうか。

　193ページの図に干潟の消失過程の例を示したが、沿岸部の大規模な干潟の埋立てが始まる前には、干拓や市街地の造成、海岸部の護岸化が行われ、陸に近い塩性湿地や干潟の上部（陸地寄りの地盤が高い部分）は、早々と失われてしまう。今も残る干潟の多くも、このような土地改造がすでに終わっていて、干潟環境の要素として塩性湿地や干潟上部が残っている場所は少ない。現在、干潟生物の多くがすでに絶滅したり絶滅の危機にひんしている。塩生湿地のような陸に近い環境で生活している生物が特に危機的な状況におかれている。

2. 消えつつある日本の自然

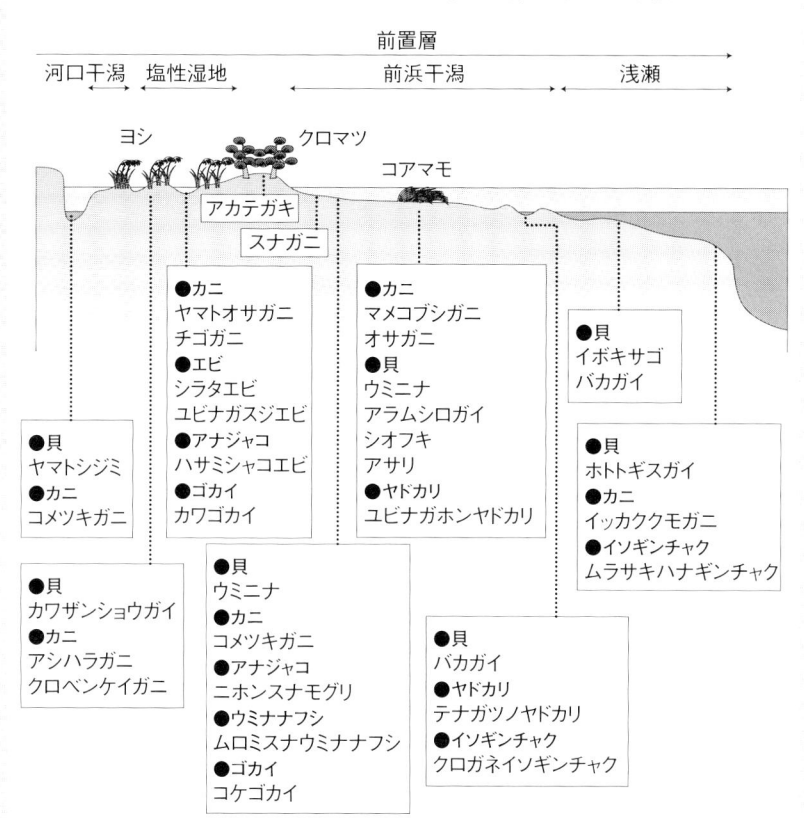

小櫃川河口の干潟の断面図と生息する代表的な生き物

```
                              前置層
 河口干潟   塩性湿地            前浜干潟              浅瀬

         ヨシ      クロマツ
                              コアマモ
              アカテガニ
              スナガニ
```

	●カニ ヤマトオサガニ チゴガニ ●エビ シラタエビ ユビナガスジエビ ●アナジャコ ハサミシャコエビ ●ゴカイ カワゴカイ	●カニ マメコブシガニ オサガニ ●貝 ウミニナ アラムシロガイ シオフキ アサリ ●ヤドカリ ユビナガホンヤドカリ	●貝 イボキサゴ バカガイ
●貝 ヤマトシジミ ●カニ コメツキガニ			●貝 ホトトギスガイ ●カニ イッカククモガニ ●イソギンチャク ムラサキハナギンチャク
●貝 カワザンショウガイ ●カニ アシハラガニ クロベンケイガニ	●貝 ウミニナ ●カニ コメツキガニ ●アナジャコ ニホンスナモグリ ●ウミナナフシ ムロミスナウミナナフシ ●ゴカイ コケゴカイ	●貝 バカガイ ●ヤドカリ テナガツノヤドカリ ●イソギンチャク クロガネイソギンチャク	

　もっとも、塩性湿地や干潟は大きく消失したとはいえ、今でも、各地に部分的に残っている。それなのに、実は残された干潟でも生物の絶滅が起こっている。その理由は、ほとんどの干潟生物の幼生がプランクトンとして海を漂って生活することに関係しているのではないかと考えられている。

　干潟の砂や泥を生活の場としている動物（底生動物という）のほとんどは生まれたばかりの頃はプランクトン幼生として海水中を漂いながら成長する。そして、幼生として成長した後、干潟や河口部

に流れ着いて干潟の上に降り、底生動物として成長し、繁殖する。プランクトン幼生の期間は種によってちがうが、短い種で数日、長いものでは数カ月以上ある。その間、幼生は海流に流されて遠くまで移動するので、多くの幼生は生まれたところとは異なった干潟や河口に運ばれる。

　昔のようにそこに干潟があればそこで底生動物として新たな生活を開始できるが、今では、開発により干潟がなくなっている。そのため、多くの幼生が干潟にたどり着けないままに死んでしまう。逆に、干潟が残っていても、近くの干潟がなくなってしまったために幼生を送り出してくれる元がなく、幼生がやって来ないという状況も起きる。このようにして、多くの干潟の生物種において、幼生の定着による更新（世代の若返り）がうまくいかなくなり、これが干潟生物が絶滅あるいはその危機に陥っている原因のひとつではないかと考えられている。

干潟生物の保全と環境回復

　干潟が減少し、残った干潟での環境が単調化した現在、各地の干潟でさまざまな生物が減少しつつあり、干潟の保全は大きな社会的課題のひとつとなっている。しかし、回復のためには干潟間の幼生供給のネットワークの回復が必要で、現状の干潟を保存しただけでは根本的な保全と回復にはならない。今ある干潟を保存することは基本的に重要なことだが、土砂供給による干潟の形状の維持や、河口干潟や塩性湿地の再生による地形的多様性の復活も同様に重要である。そのうえで失われた場所での干潟再生は、小さな干潟の再生であっても、干潟間のネットワークの回復としては重要な意味を持つと考えられる。また、干潟地形はどこにでもできるものでもない。干潟が再生できる場所はどこか、またそれぞれの再生候補地ではどのような干潟地形が回復可能なのかを見きわめる必要がある。

　失われた干潟は広大な面積に及び、その再生は容易ではない。しかし、小さな回復を一歩一歩進めることで、干潟の豊かな生物相と

2. 消えつつある日本の自然

開発により自然海岸が消失する過程（東京湾の海岸の場合）

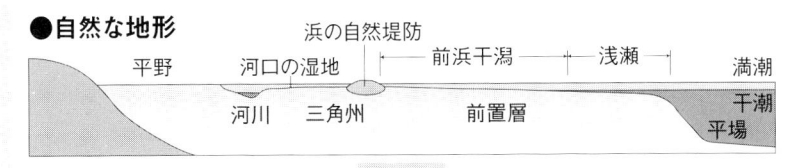

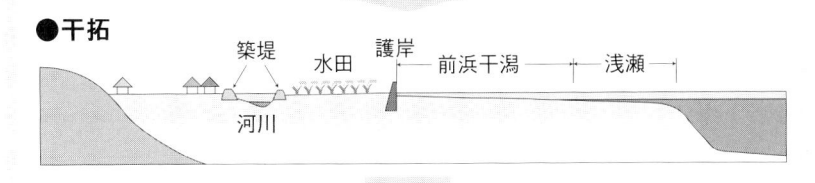

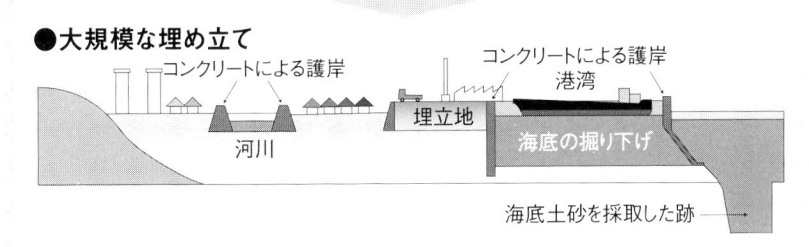

●自然な地形

浜の自然堤防　前浜干潟　浅瀬　満潮
平野　河口の湿地　　　　　　　　　干潮
河川　三角州　前置層　　　　　　　平場

●干拓

築堤　水田　護岸　前浜干潟　浅瀬
河川

●大規模な埋め立て

コンクリートによる護岸　コンクリートによる護岸
　　　　　　　　　　　港湾
埋立地
海底の掘り下げ
河川
海底土砂を採取した跡

出典：『千葉県の自然誌 本編8 変わりゆく千葉の自然』（2000、千葉県）

干潟の埋立て過程。初期の段階で、湿地や干潟の上部が失われ、大規模な埋立てや港湾建設で完全に失われてしまう

その生物の活動に支えられた豊かな生態系を回復させていくべきだろう。

サンゴ礁

温暖化の影響を受け、
地球規模で、すでに約3割が
死滅しているサンゴ。
日本でも1998年以降、4回の大規模白化が起き
漁業にも大きな影響が出ている。

文／岡本峰雄・東京海洋大学海洋科学部海洋環境学科

　世界のサンゴは海域の富栄養化、漁業による破壊と生態系バランスの崩れ、沿岸域開発など人間活動の影響で減少を続けてきた。しかしそれらを超える危機が海水温上昇によるサンゴの白化だ。サンゴは1997～1998年の水温上昇によって地球規模で白化し3割ほどが死滅した。それまでのサンゴ死滅の多くが狭い範囲で起きたもので、その周辺で生活する人々がサンゴの破壊や海を汚すなどの行為を控えれば解決できる規模であった。しかし地球規模の白化は地球温暖化問題と連動している可能性が高いため早急な対策は難しい。このため世界のサンゴ礁ではサンゴの多くが数十年で絶滅すると予測されている。

サンゴとサンゴ礁の関係

　ひとつのサンゴは「ポリプ」と呼ばれるイソギンチャクに似た形の小さな動物で貝のように石灰質の殻を持っている。ポリプの殻がたくさん結合して枝サンゴやテーブルサンゴの形になるわけだ。ポリプが死んで殻が無数に積もってサンゴ礁を作る。太陽の光を浴び

2. 消えつつある日本の自然

る数十メートルくらいまでの浅い海底のサンゴ礁には枝サンゴやテーブルサンゴが分布するが、その表面には小さな穴が無数にあり、その中にポリプが住んでいる（197ページ図参照）。

　ポリプの体内には、「共生藻」と呼ばれる微細な藻類の一種が生活している。ポリプは夜行性動物のため昼間は穴の中に固まって動かないが、体内の共生藻は太陽の光で光合成を行い酸素と糖類を生産する。このため動物であるポリプが昼間は植物となって光合成を行う。夜にはポリプがイソギンチャクのように広がって海中を漂う有機物を食べ、隣のポリプと協力してゴカイ、小エビ、小魚などを捕まえて食べる。ポリプは自分が食べた餌に加え光合成でできた糖類を栄養として、盛んに分裂を繰り返し次々と住みかの穴を作る。余った光合成による産物はポリプから海中に放出されて周囲にすむ他のさまざまな動物を養う。

　サンゴはほとんどが雌雄同体で、同じポリプの中で卵子と精子がつくられ、体外受精や体内受精によって繁殖する。美しい枝サンゴやテーブルサンゴの代表であるミドリイシ類は初夏の満月の夜に一斉産卵をすることが知られている。一斉産卵はポリプが卵子と精子の束を生み出すもので、海面に浮上したバンドルは破裂して多数の卵と精子を放出する。海面付近で受精した卵は殻のない子ども（幼生）となって海中をさまよい、3〜7日のうちにサンゴ礁にあいた小さな穴や裂け目のなかに着生してポリプとなる。数キロ四方の多種のサンゴが一斉にバンドルを放出することで、同じ種類のサンゴでもなるべく遠縁のサンゴから産まれた卵と精子が受精するような工夫と考えられている。また生まれた幼生は広い範囲に分散するので、たくさん産まれて仲間同士が離れ離れにならない工夫とも考えられる。ポリプは分裂して石灰質の新しい住み場を次々に作って広がり1年後には穴の外に出てくる。その後は太陽の光をうけて光合成を行うことで成長が早くなる。

　先に説明したように、サンゴはポリプが集まったものだが、枝やテーブル状の形をつくっているのはポリプがつくった石灰質の殻。

サンゴでポリプが生きているのは表面の1層だけで太い枝や幹の内部は骨格だけだ。枝やテーブル状のサンゴは先端に向かって成長し、ハマサンゴなどの塊状のサンゴは分裂したポリプが表面を同心円状に次々と覆い、表層だけが生きたポリプで中は骨格のみとなる。数百歳以上の巨大なサンゴも最初に海底に着生した1個のポリプが分裂を続けてつくりあげたものだ。光の差さない水面下数百メートルの暗い海底には藻類が共生していないサンゴもある。アカサンゴやモモイロサンゴなど、生長に長い年月がかかり、高価なアクセサリーともなる宝石サンゴがそれだ。これに対し、共生藻をもったサンゴはサンゴ礁をつくるので「造礁サンゴ」と呼ばれる。

　サンゴ礁は造礁サンゴが長い年月をかけてつくった、石灰岩の塊だ。熱帯から亜熱帯の島々では海岸線の少し沖に防波堤のように位置し、大潮の干潮時には海面上に少し露出する。サンゴ礁は、太陽の光がよくとどく水深数十メートルまではサンゴで覆われている。

重要なサンゴの役割とは

　宮古島の北方にあるサンゴ礁「八重干瀬」は春の大潮の日に海面上に姿を現す。島の人々や観光客が船でわたって上陸し、足の踏みもないほど育ったサンゴを踏みつけながら獲物を採って楽しむ姿が有名だった。しかし今、海面に現れたサンゴ礁にはサンゴはほとんど見られない。1998年起きたサンゴの白化をはじめとする数度の白化と台風による被害で浅いところのサンゴがほとんど死滅したためだ。サンゴの白化は、透明に近いポリプが濃緑色の光合成色素を持つ共生藻を失うことで、骨格の白色が目立つ現象だ。白化は6〜8月に平年より0.5度ほど海水の温度が高くなったときに起こる。高い水温が続くと共生藻はポリプから海中に逃げ出し、または体内で死んでゆく。最初はサンゴの色が少しずつ薄くなり、高水温の期間が長く続くと藻が完全に抜けてポリプは透明になり、サンゴは真っ白になる。共生藻がいなくなったポリプは共生藻の光合成産物を得られなくなって死にいたる。途中で水温が平年の値にまで低下すれ

サンゴの構造

サンゴの個体（ポリプ）
- 触手
- 口
- 最大でも1cm
- 胃
- 骨格
- 共生藻

サンゴの集合体
- テーブルサンゴ
- 枝サンゴ

出典：環境省HP（http://www.coremoc.go.jp/）の図を改変

様々なサンゴ礁

裾礁（フリンジングリーフ）

陸の周囲をサンゴ礁が囲んでいる。日本に多いタイプ。

堡礁（アウターリーフ）

陸とサンゴ礁の外縁が離れている。外縁の内側に深い海（礁湖・ラグーン）がある。

離礁（パッチリーフ）

陸から離れて独立しているサンゴ礁。日本には規模の小さなものが多い。

出典：環境省HP（http://www.coremoc.go.jp/）より

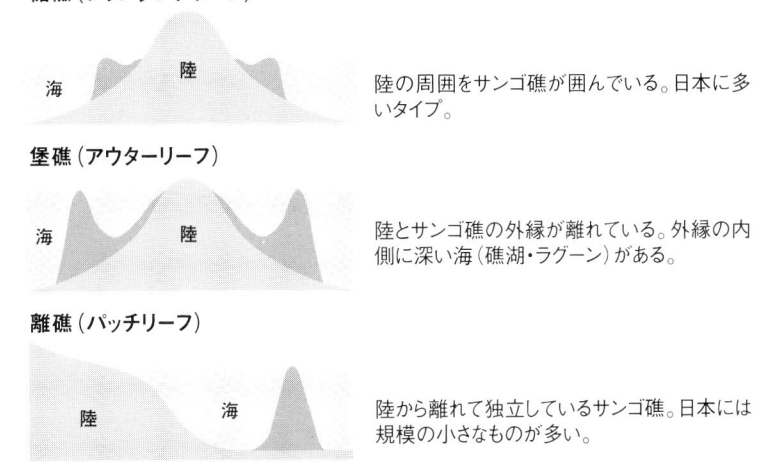

ば共生藻は徐々に元にもどり（共生藻の分裂による増加や海中からの取り込みにより）死亡にはいたらない。

　造礁サンゴは2つの重要な役割を持っている。第1に熱帯・亜熱帯海域の光合成生物として生物多様性に富んだサンゴ礁生態系をつくりあげることが挙げられる。

　外洋では光合成を行う植物プランクトンが生育し、それを餌として、動物プランクトン、小型動物、魚類などと続く食物連鎖ができている。温帯の浅い海域では岩場に光合成を行う海藻類が繁茂して藻場をつくる。海藻の表面には多くの小型生物（コケムシやワレカラなど）が育ち、藻やそれらの生物を食べるアワビやウニがすみ、幼い魚やエビ・カニ類が育つゆりかごとなり、また魚へと続く藻場の生態系がつくられる。熱帯の海はコバルトブルーに輝いて澄んでいるが栄養塩類は少ない。そうした場所で、サンゴが光合成を行いまた生物の住み場になる複雑な構造のサンゴ、サンゴ礁をつくることで、海藻が繁る藻場と同じようにサンゴ礁生態系がつくられている。

　フロリダやカリブ海では偏った魚類の乱獲とハリケーンの影響でサンゴが激減して藻類が繁茂し、その後1980年の末に数度のサンゴの白化が起こったことでサンゴ礁が藻場に変わった。しかし藻類の生育には海水中の栄養塩類と太陽の光の両方が必要で、栄養塩類の乏しい熱帯海域でサンゴが白化死滅した場合は藻場に変化することさえ難しい。1998年以降に数回の地球規模の白化が起きたことでサンゴのいないサンゴ礁は激増し、光合成を行うサンゴのいないサンゴ礁は多様性に富んだ生態系を維持できないことが現実のものとなっている。近年よく、そうしたサンゴ礁の海域で魚が採れなくなっていることが問題として取り上げられるが、魚はサンゴ礁生態系のなかの一部の生物だ。本当の問題は、食物連鎖の根幹が揺らいでいることにこそある。

　第2に造礁サンゴは、防波堤の役割をする。サンゴ礁をつくりそれが破損したときは補修をする機能がある。

サンゴ礁は台風などの大きな波の影響を受けて破壊される。しかし、「生きた防波堤」と呼ばれるサンゴ礁は、サンゴが繁茂していれば壊れた部分を補修し続ける。また、この防波堤は、熱帯の島々を浸食から守ってくれる。

　一方、熱帯海域には、深い海から山のように立ち上がるサンゴ礁の島々がある。ミクロネシア、キリバス、ツバル、沖の鳥島などだ。昔それらは海上に出ていた海山の頂きだった。深海の海底がプレートの移動で少しずつ沈んでいくなかで島は沈んだが、島のまわりのサンゴが海面に向かって生育しつづけサンゴ礁をかさ上げしてきたのだ。

　ミクロネシアのエニウェトック環礁で1950年初めにサンゴ礁の地質調査を行った結果、石灰岩の層が1267メートルも堆積し、その下に火山性の玄武岩質の岩盤が確認された。1840年代、チャールズ・ダーウインは、サンゴ礁の島は、もともとの島が海に沈んだ上にできたという説を唱えた。この説は100年以上経ってからようやく実証されたわけである。生きたサンゴのいないサンゴ礁はただの石灰岩の塊だ。人のつくった防波堤は台風の影響などで破損し長い間には崩壊する。サンゴがいないサンゴ礁もいずれ浸食により破壊される。熱帯の島々はサンゴがつくる防波堤の恩恵を受けて島の浸食を避け、またサンゴ礁の島々は海に沈むという危機を逃れてきた。

　しかし現在、サンゴ礁の浅い場所、特に潮が引いて海面に現れる部分のサンゴは世界的に衰退している。もはやサンゴ礁はサンゴによって守られていない。さらに今、地球温暖化の影響とされる海水面上昇の危機が現実のものとなっている。

美しかった日本のサンゴ礁

　日本の造礁サンゴのほとんどは黒潮の流域に沿って、太平洋岸では東京湾まで、日本海岸では佐渡島までに分布している。ただし本州などではサンゴが育っていても石灰岩のサンゴ礁はつくられてい

ない。サンゴ礁は先島諸島から南西諸島にかけての亜熱帯海域だけにつくられている。また小笠原諸島の周辺や日本で唯一の熱帯域とされる沖の鳥島などにもサンゴ礁が発達している。日本最大のサンゴ礁「石西礁湖」（石垣島と西表島の間。東西約30キロ、南北約25キロ）は黒潮の源流域にあり、その下流域のサンゴの幼生供給源と推定される重要海域だ（201ページ図参照）。

　美しい日本のサンゴ礁の姿は多くの報告書や写真集に記録されてきた。そのなかで1970～80年代の豊かなサンゴの姿は西平守孝・ヴェロン共著『日本の造礁サンゴ類』（1995、海游舎）に詳しい。そこでは礁湖（ラグーン・穏やかな浅い海）や海岸近くの礁池（イノー・潮が引けば沖のリーフまで歩ける場所）にサンゴが密生する様子が示されている。しかし1990年代以降の石西礁湖や石垣島周辺のイノーには既にそうした姿は見られなかった。

　石西礁湖では1970年代末から80年代初期にかけてオニヒトデの大発生があり、サンゴはほぼ全滅に近い被害を受けた。オニヒトデは直径50～60センチにも成長し毒のあるトゲをもっている。サンゴを覆ってポリプを食べつくすので、食べられた場所は骨格だけ残って白化で死んだサンゴと同じ状態になる。白化では段階的にサンゴの色が薄くなるが、オニヒトデに食べられたあとは真っ白になる。オニヒトデは、いくつかに切り刻んでもそれぞれが再生して数が増えてしまうほど生命力は強い。しかし、沖縄の潜水漁師・海人たちがカギのついた棒で刺して100万尾ほど駆除（採って陸で廃棄）し、また餌のサンゴがなくなってオニヒトデもいなくなった。

　1990年の中ごろには石西礁湖のサンゴもオニヒトデの被害からはかなり回復した。ここでは、正確な定点調査記録のある1996年以降の石西礁湖を中心にサンゴの変化を見ていきたい。

　石西礁湖の北側と南側には、外洋に面した防波堤のような堡礁（アウターリーフ）がある。北側のアウターリーフは数百メートル沖で水深25メートルくらいまで続いて、その沖は砂地になって1000メートル以上に落ち込んでいる。南側のアウターリーフは、

2. 消えつつある日本の自然

海域ごとの造礁サンゴの種の数

館山
白浜　串本　伊豆諸島南端
天草諸島　土佐清水
種子島
奄美諸島
沖縄諸島
八重山諸島

海域	種数
八重山諸島	363
沖縄諸島	338
奄美諸島	220
種子島	151
土佐清水	127
天草諸島	98
白浜	77
串本	95
伊豆諸島南端	42
館山	25
グレイトバリアリーフ	330

注：いずれも周辺の海域での数を示す。

出典：西平守孝・ヴェロン(1995)資料から作図

壊れた場所も多いが、深いところでは水深40メートルくらいまで続き、その沖は北と同じように深い海になっている。南北のリーフの内側には水深10メートルほどの砂地のラグーンが広がっていて、そこには海底から海面すれすれまで立ち上がった小山のような離礁（パッチリーフ）がたくさんある。（サンゴ礁の形については197ページ図参照）

1998年の白化前に石西礁湖の全海域276平方キロ（アウターリーフ外側の水深50メートルより浅いところを含む）でサンゴの分布調査を行った。その時のサンゴの面積は16平方キロであった。

アウターリーフの外側では直径40～50センチ以上のテーブルサンゴが密生していた。ラグーンの砂地には高さ1～2メートルの大型の枝サンゴが互いに絡みあうように茂って足の踏み場がない状態であった。パッチリーフの上面と側面（傾斜面）は大小さまざまなテーブルサンゴで覆われ、直径2メートルを超えるものも多かった。

しかし当時既に、北側と南側のアウターリーフの最上面にはほとんどサンゴは見られなかった。ラグーン内の砂地の海底の各所に枝サンゴが死んでのガレキ化した場所があり、かつてはサンゴが密生していた痕跡があった。またラグーン内に点在するパッチリーフ上面は、小型のテーブルサンゴしか分布していない場所と大型のものが分布していた場所とがあり、全ての場所が回復したわけではなかった。

サンゴ礁は海人の生活の場所である。枝サンゴの中に直径1メートル弱の餌をいれたカゴを隠して漁をし、夜は懐中電灯をもってサンゴの中に眠っているハタやブダイなどの魚をモリで突いている。またリーフで潜水しシャコガイやヤコウガイなどの大型の貝を採っている。彼らは1990年半ばの石西礁湖について、「昔のサンゴの姿はこんな貧弱ではなかったし獲物はいくらでもいた」と嘆いていた。しかしその時代でさえ、現在に比べれば石西礁湖のサンゴはもちろん、宮古島や八重干瀬、そして沖縄本島でもサンゴは十分に美しかったのだ。

2. 消えつつある日本の自然

石垣島気象台での34年間の気温とサンゴの白化

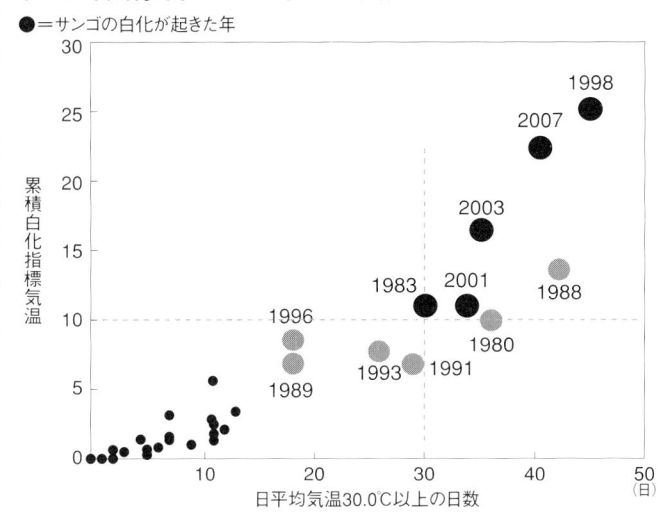

●=サンゴの白化が起きた年

白化指標となる気温30℃以上が30日以上、累積白化指標気温10以上が石西礁湖全域で白化が起こる危険範囲。1988年も危険範囲にあるが、この年はオニヒトデの食害で気温の影響を受けるサンゴ自体がほとんどなかった。

激変する石西礁湖（1996年以降）

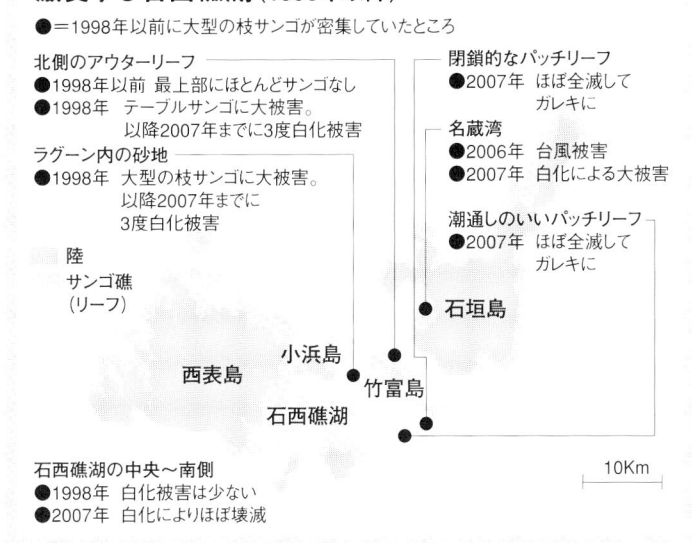

●=1998年以前に大型の枝サンゴが密集していたところ

北側のアウターリーフ
- ●1998年以前 最上部にほとんどサンゴなし
- ●1998年 テーブルサンゴに大被害。以降2007年までに3度白化被害

ラグーン内の砂地
- ●1998年 大型の枝サンゴに大被害。以降2007年までに3度白化被害

閉鎖的なパッチリーフ
- ●2007年 ほぼ全滅してガレキに

名蔵湾
- ●2006年 台風被害
- ●2007年 白化による大被害

潮通しのいいパッチリーフ
- ●2007年 ほぼ全滅してガレキに

石西礁湖の中央～南側
- ●1998年 白化被害は少ない
- ●2007年 白化によりほぼ壊滅

大打撃をうけるサンゴ礁

　石西礁湖を含む日本のサンゴ礁は1998年の夏に大規模な白化被害を受けた。石西礁湖も全域でサンゴが白化したが、死滅被害が大きかったのは北側アウターリーフのテーブルサンゴ群集、竹富島と小浜島の間のラグーンの砂地に育った大型の枝サンゴの群集だった。その後2007年までにさらに3回の白化が起き、2008年現在のサンゴは1998年の白化前とは大きく変わった。(88～94ページ写真、203ページ図参照)

　石西礁湖内の大型の枝サンゴは1998年の白化で全滅し、少しずつ枝がくずれてガレキとなって海底を覆っている。サンゴ幼生が着くことができないまま再生の兆しは見られない。一方、石西礁湖の中央から南にかけての海域では1998年白化の被害は軽かった。

　しかし、白化と台風の被害を受け、特に2007年の白化によってほぼ壊滅状態となった。各所に点在するパッチリーフのサンゴはほぼ全滅してガレキ場と化した。2003年までの白化を生き残った大型のテーブルサンゴ（ハナバチミドリイシ）も周辺のサンゴともどもガレキとなった。こうしてガレキ化したサンゴは台風や高波によってサンゴ礁の上を移動し、育ちかけた1～2歳のサンゴのほとんどを死亡させている。

　ただし、石西礁湖北側のアウターリーフではサンゴの世代交代がおきた。1998の白化でテーブルサンゴはほぼ全滅した。しかし、2008年には既に同じようなテーブルサンゴで覆われている。途中の経過を調べていなければサンゴの絶滅と回復が起きたことも気づかないほどだ。1998年からの調査で、今のテーブルサンゴは白化直前の1998年5月から着き始めたものとわかった。その後も毎年新しいサンゴ幼生が着いて今の状態になっていた。この海域のサンゴの面積は3～5平方キロの広さがあり、すでに一斉産卵をする大きさに育ったものも多い。

　全体としては、日本のサンゴ礁のおかれた状況は極めて厳しく、

白化から生き残り、また回復したサンゴにもさまざまな被害がもたらされている。石垣島西岸の名蔵湾では白化後に小型の枝サンゴが再生してかつての美しさを取り戻した場所がある。しかし再び2006年の台風と2007年の白化で大きな被害をうけた。宮古島海域では白化から回復した小型の枝サンゴが、2006年のオニヒトデの大発生で食い尽くされて藻場に変わってしまった。

温暖化に耐えるサンゴ誕生か

現在の日本のサンゴは危機的な状況にある。しかし、その中に明るいニュースがある。石西礁湖でほとんどのサンゴが一度は死滅したなか、北側のリーフには2007年白化の影響も受けなかったテーブルサンゴの大群集が生まれた。このことは、白化の影響で全てのサンゴが死滅する恐れはないことを証明している。今までの研究では水温が上昇することで、その海域の全てのサンゴは死滅すると考えられてきた。しかし、最近の高水温には耐えられるサンゴが石西礁湖に誕生したことを意味する。石西礁湖の中央から南側ではサンゴがほぼ壊滅状態となっているが、この北側リーフのサンゴを守り、また他の場所のサンゴを再生させるためのサンゴ幼生の供給源とすることが今後の課題だ。石西礁湖中央から南側のサンゴ礁の再生、そしてまた黒潮の下流域にも、ここで産まれたサンゴ幼生が供給されるものと期待される。

植物の危機

消える日本の海岸植物たち

文/由良 浩・千葉県立中央博物館

　文字通り海岸に根を下ろして、海岸という環境でひたむきに生育している海岸植物と呼ばれる植物たちがいる。それらの多くは、少し離れた内陸でも、海中でも見ることができず、海岸を唯一の生育地としている。

　一口に海岸といっても、ご存知のように様々な海岸があり、その地形や環境、植生などにより、いくつかの海岸に分類される。

　比較的平坦で、動きやすい砂からできている海岸を砂浜と呼ぶ。それに対し、硬い岩石からできている磯や海に面している崖を岩石海岸などと呼ぶ。干潟の周辺や河口には、干満により海水や汽水（海水と真水が混じった水）に時折浸かる湿地があるが、これらは塩性湿地もしくは塩沼地、塩湿地などと呼ばれている。これら3つの海岸には、ほとんど共通種がないほどそれぞれに独自の植物が生育する。

　これらの海岸の中で植生が自然の状態で比較的よく保たれているのは岩石海岸の植生である。特に崖地などは開発などといった人の手が及びにくいことから、崖を覆っている植生は自然の状態で残されていることが多い。一方、植生の消滅が最も著しい海岸は塩性湿地であろう。塩性湿地のあった場所は埋め立てや護岸工事によりほとんど消滅している。さらに大きな河川では、河口に河口堰が造られて、汽水域が消滅している場合もある。汽水に浸る塩性湿地そのものが今や貴重な存在となっている。

2. 消えつつある日本の自然

かつて「楽園」だった日本の砂浜

　現在、まさに消滅の危機にさらされているのが砂浜の植生である。砂浜に生育する植物のほとんども、砂浜に特有の植物たちである。なぜ砂浜に特有の植物が生えるかというと、それは砂浜の環境が他の海岸同様特殊だからである。砂浜に生きる植物は、風に舞う砂や海からの潮風を浴びやすい。砂地には栄養はほとんどなく、砂地の表面は乾きやすい。このような環境下で生きられるのはほんの一握りの植物たちである。内陸の畑などに生えるどんなに強い雑草も、砂浜に進出することができないほどである。

　砂浜の植物は、おそらく強風に対する防御であろうが、背の低いものがほとんどであり、またあまり密生することがない。たとえばタンポポに似た黄色い花を咲かせるハマニガナは、花と葉しか地上に出さない。茎はすべて砂の中を伸びて地上にでることがない。ハマヒルガオも、半分埋もれながらほふくするので、ピンク色をした花も照りのある緑色の葉も地面すれすれのところにある。砂浜の植物群落は、背の低い草原状になるので見晴らしがよく、歩きやすい（209ページ左写真参照）。

　かつての日本では、広い砂浜や広い砂浜ゆえに生じる大きな砂丘は珍しいものではなかった。明治から大正期の地形図を見れば、奥行きが数百メートルに及ぶような広い砂浜と大きな砂丘はいたる所の海岸で見いだすことができ、巨

植物の危機

大な砂丘もいくつか見つけることができる。これらの砂浜や砂丘のなかには、海岸林の伐採により生じたものもあることから、すべてが自然の砂丘とは言い切れないところもあるが、砂浜の植物にとっては楽園のような時代であったのは確かである。

陸側と海側から、はさみうちで失われる

ところが、それらの広大な砂浜と砂丘地帯は次々と姿を消していった。砂浜や砂丘は、人から見れば不毛の地である。また、風でまき上げられる砂は周囲の田畑や居住地にまで飛んでくるために、嫌がられる存在であった。そこで、砂浜や砂丘にはやせた土地でも生きていくことができるクロマツが盛んに植えられた。クロマツ林は、飛砂の防止だけでなく、海からの潮風も防いでくれるので、できるだけ海の近くにまで植えられた。砂や潮風が来なくなると内陸側から砂丘は造成され、田畑や道路、市街地などに変わった。

クロマツが成長し林内の環境が穏やかになると、内陸の植物が林内に進入し始め、砂浜の植物は消えていく。クロマツは潮風や飛砂に強いとはいいながらも限界があり、あまり海の近くにまで植えることができない。この松林と波打ち際の間のごく狭い範囲が、唯一残された自然植生の生育地である。ところが、クロマツ植栽地の海側に、やはり飛砂防止のためにオオハマガヤという外来種を密に植栽している海岸が少なからずある。こうなると、在来植物の生える余地が全くなくなってしまう。

砂浜の植生は、内陸側から狭められただけでなく、近年海側からの浸食によってもせばめられている。海岸の項に詳しく述べられているように、川を通して山から海に流れる砂をダムが止めたり、海岸の砂の動きを海岸の構築物が止めたりすることにより、浸食が進んでいる砂浜はかなりの数にのぼる。

浸食が進むと、それでなくても土地の少ない日本では、それを阻止しようと、

2. 消えつつある日本の自然

一面の草原になっている植生豊かな砂浜（石川県加賀市）

完膚なきまでコンクリートブロックで覆われた海岸

　コンクリートの堅牢な堤防が砂浜に造られる。また、コンクリート製の波消しブロックをずらりと堤防の前に並べたりもする。こうなると植物の生育地はほとんど消滅する（209ページ右写真参照）。

　このような堅牢な人工物は現在の日本の砂浜にどれくらいはびこっているのであろうか。日本自然保護協会は2003年から4年近くかけて全国の砂礫浜の状態や植生の様子を地元の市民が調査するというプロジェクトを行った。最終的には1200名以上の方が参加し、1300件近い調査結果が集まった。その結果によると、海側にも陸側にもコンクリート製の堤防などの人工物が見られず、植生が豊かな砂浜は調査した海岸全体の約7％しかなかった。日本のほとんどの浜ではいやでも大規模な人工物が目に入ってしまうということである。植生に害を及ぼしている要因としては、人工物のほかに、人や車の踏みつけ、ゴミの投棄などが調査を通じて指摘された。

　現在の日本では広い砂浜や大きな砂丘はすでにほとんど消滅し、残っているのはせまい砂浜がほとんどである。そのせまい砂浜も徐々に減少している。早急に何らかの手を打たないと、このままでは砂浜の植物はおろか砂浜そのものが日本から消滅する日はそう遠くはない。

海中林

陸に近い海底に繁茂する海中林は、
海の動物の食物となり、産卵場、生息の場となる。
しかし、地球の温暖化の影響を受け
海中林が完全に消滅した海底が増加している。

文/谷口和也・東北大学大学院農学研究科

　陸上に森林があるように、海中にも海中林がある。海中林は、亜熱帯から寒帯にかけて、陸にもっとも近い水深0メートルから30メートル程度までの、砂地ではない、硬い岩礁の海底に、コンブ・ワカメやヒジキ・ホンダワラの仲間の海藻が付着して形成されている。体の大きさは、数メートル程度から200メートル近くに達する種まである。陸上植物はすべて緑色をしているが、海中林を構成する海藻は褐色をしており、褐藻と呼ばれる。海藻にはこの他、ノリやテングサの仲間の赤い色素をもつ紅藻、陸上植物の先祖であるアオノリなど緑藻がある。

生産性の高い海中林

　植物が太陽エネルギーを用いて水と二酸化炭素からデンプンなどの有機物を生産することを光合成という。また、光合成によって1年間に生産された有機物の総量を「生産量」という。生産量は、通常水分がない状態の乾燥重量で表示される。（炭素量で表示する場合もあり、それは換算すると、ちょうどその2分の1となる。）地球上のす

べての植物の乾燥重量による生産量は、陸と海とで半々の1500億トンと計算されている。海中林の生産量は、年間1〜8kg/m²であり、陸上でもっとも高いと考えられる熱帯雨林の生産量が年間約1kg/m²程度であるため、熱帯雨林とほぼ等しいか、あるいははるかに高い生産量を持つ。このため、海中林が形成できる岩礁海底の面積は海全体の0.1%にも及ばないが、海中林の生産量は海全体の10%以上にも及ぶ。

　沿岸岩礁域では、海藻の生活に必要な光が多量に得られ、窒素やリンなど必須の栄養が海流とともに、陸上からも河川などを通して運ばれる。一方海藻は、波の動きにしたがって常に揺れ動いて新鮮な海水に接し、体表面全体から光と栄養を吸収して生活している。このため、動物の細胞にはなく、植物の細胞に特徴的にある細胞壁が陸上植物のようなセルロースなど水に溶けない不溶性繊維ではなく、アルギン酸やフコイダンなど柔軟な水に溶ける水溶性繊維でできている。これにより、陸上植物のような土壌中に張り巡らす根や、根と葉を結んで栄養や水を運ぶ器官である強固な維管束をもつ必要がない。海中林の高い生産量は、このような沿岸岩礁域の環境とその環境に適応した海藻の特性によると考えられている。

　海中林では、アワビ・サザエ・ウニなど植食動物と呼ばれる主に植物質の食物を食べる動物が海中林の落ち葉を食べ、海中林の葉の上や付着器と呼ばれる根元には1センチ以下の微小な甲殻類（エビやカニの仲間）・貝類・釣り餌となるゴカイの仲間の多毛類などが多量に生息する。また、メバル・カサゴ・アイナメなど魚類や大形のエビ・カニがそれらを食べるために集まる。魚類や大形の甲殻類は、食物を摂るだけでなく外敵からの逃避、産卵、生息の場として集まる。このため、海中林は動物の揺りかごとも呼ばれる。さらにラッコ・アシカなど哺乳類や各種の海鳥がそれらを求めて多数集まる。進化論を提唱したダーウインは、『ビーグル号航海記』（岩波文庫版）の中で「大浮藻に生存を親しく託している生物の数は驚くべきものがある」と海中林の豊かさに驚嘆し、「どんな地方にせよこ

こで浮藻が滅びた場合に比べるほど、動物の種類がはなはだしく死滅するであろうとは信ぜられない」と海中林が失われることを深く危惧している。

地球温暖化で消える海中林

　現在、ダーウインの危惧は現実のものとなっている。人類のたかだが200年程度の産業活動で温室効果ガスが著しく増加し、地球温暖化が進行しているからである。地球温暖化によって海中林が消滅し、海中林に生活する多くの生物が失われ、沿岸漁業が大打撃を受けている。海中林の消滅に始まる負のスパイラルというべき事態は、日本ばかりでなく世界中で共通して起こっている。

　海中林の消滅は、産業的な重大性から日本でも海外でも1800年代から記録されており、日本では伊豆半島の江戸時代からの方言から「磯焼け」と呼ぶ。海外では荒地、空地、海中林崩壊域、桃色の岩、サンゴモ平原、禿礁などと表現される。海中林が消えた海底は、炭酸カルシウムを多量に含む、つまり石灰岩をつくる無節サンゴモという紅藻によって覆われる景観となる（101ページ左上の牡鹿半島北岸の状態を参照）。無節サンゴモは、海中林内の海底を覆い、さらに海中林の分布下限より深い水深の海底も連続して覆う。無節サンゴモが大部分を占める（これを優占するという）海底には、世界中共通してウニが多数生息するようになる。このため、ウニが優占する荒地、またはウニ－サンゴモ群集などとも呼ばれる。

　海中林は、水温が低く、窒素やリンなど栄養が豊富な寒流や深層水が湧昇する海域に形成される。地球温暖化は、海の表面の水温を高めるとともに、降水量を増加させて塩分濃度を低めるので、比重の関係から、冷たく、栄養が豊富な深層水と表面の海水との混合を妨げ、高い水温と栄養が乏しい海水の状態を持続させる。実際に日本各地の長期間にわたる海水の表面水温の平均値から、最近の水温の偏差を見ると、日本の大部分の沿岸では1990年代以降高い水温を示すようになってきている。

2. 消えつつある日本の自然

　磯焼けという用語の発祥の地である伊豆半島東岸では、水温が高く、栄養塩が極めて乏しい暖流の黒潮が接岸すると、カジメ海中林が崩壊して磯焼けが発生し、約1ヵ月後には食物不足に陥ったアワビが大量に餓死することが知られている。1800年代から完備されている正確なアワビ漁獲量の統計資料によれば、1900年、1935年、1975年に黒潮が伊豆半島に著しく接岸した結果、海中林が消滅し、アワビがほとんど獲れなくなったことが示されている。1975年から始まった磯焼けから海中林が回復した後、1990年にまた磯焼けが記録された。カジメ海中林は1992年発生群からまた回復したが、1997年から崩壊し、現在まで崩壊と回復が繰り返されている（98～99ページ参照）。1992年以後海中林の崩壊がそれまでになく高い頻度で発生し、加えて近年には海藻を主な食物とするアイゴ・イスズミ・ブダイなど亜熱帯性の魚類の食害が問題化したことが特徴的である。地球温暖化が日本沿岸の動物相を熱帯化させる事態であろう。深く憂慮される。

　牡鹿半島北岸の泊浜では、過去と現在の海中の状態が航空写真と海中写真で直接比較できる大変貴重な海域である（100ページ参照）。1983年12月には水深0～8メートルまでアラメ海中林が分布していたことが海中に見られる黒い影によって確認できる。しかし、2008年4月には海中林の影はまったく確認できない。この沿岸では、1981年から1983年にかけて大規模な海藻の調査が行われており、101ページ左上の1982年7月に撮影された水深5メートルの海底にはアラメが大量に繁茂していたことがわかる。しかし、2008年7月には同じ場所であるにもかかわらずアラメは完全に消滅し、無節サンゴモの海底が拡がっており、キタムラサキウニが多数生息している（同ページ参照）。

　海中林は、ジブロモフェノールを常時分泌することによって極めて低い濃度でウニ幼生の変態を阻害し、死亡させる。このため、海中林が健全に保たれている海域では、ウニ密度は急激に増加することなく、バランスよく保たれていると考えられる。一方、無節サン

ゴモはウニを幼生の形から親の形へと速やかに変態させるジブロモメタンを常時多量に分泌するので、無節サンゴモ群落にはウニが増加する。無節サンゴモ群落はウニの発生の場なのである。無節サンゴモ群落で大量に発生するウニは、無節サンゴモの表面に着生して発芽、増殖する多くの藻類を、人にたとえれば、垢のような無節サンゴモ表面の死んだ細胞とともに食べる。ウニの食害の結果、海中林は形成できない。地球温暖化による海中林の消滅は、ウニの発生を促進し、その食害によって海中林の形成を長期に阻害し、海中林のもつ高い生産量にもとづく二酸化炭素の固定量を著しく低下させて地球温暖化をさらに促進するという負のスパイラルをもたらしている。

　地球温暖化は沿岸域を高い水温と乏しい栄養の海水に変えるだけでなく、低気圧を強大化することも明らかにされている。北アメリカのカリフォルニア沿岸のジャイアント・ケルプ海中林は、南アメリカのペルー沖で発生するエルニーニョの影響を受けると高水温・貧栄養の環境で崩壊する。また、エルニーニョが発生すると低気圧が強力になり、低気圧がもたらす強い時化によって海中林が破壊されることも知られている。日本でも最近、冬に「爆弾低気圧」と呼ばれる低気圧がもたらす強力な北西風による時化が日本海沿岸のホンダワラ類が優占する海中林を破壊する事態が起こっている。これまで例外的とされていた強力な低気圧が高い頻度で発生するようになると、海中林は回復しきれなくなるのではないかと危惧される。

地球温暖化で暖流系化する海中林

　海中林は、海底が岩礁や大きな波がきても動かない不動石のような安定した着生基盤に形成され、砂や砂利はもちろん、多少の波でも動く直径10～30センチ程度の転石には形成できない。牡鹿半島泊浜沿岸では、海中林の形成には適さない転石域を安定した海底に変えるため、海藻を生育させるコンクリートなど人工的な構築物である海藻礁を設置して海中林の造成を図った。

2. 消えつつある日本の自然

　1988年10月に水深5メートルの海底に設置した海藻礁には3年後の1991年に褐藻アラメが優占する海中林が形成された。しかし、同じ海藻礁であっても2007年にはアラメはまったく認められず、変わってエゾノネジモクが生育していた（101ページ左下参照）。アラメ・カジメなどコンブ類はもともと寒流系の海藻であり、エゾノネジモクなどホンダワラ類は暖流系の海藻である。海中林が消滅するまでに至らなくとも、海中林が寒流系のコンブ類から暖流系のホンダワラ類へと優占する褐藻が変化することも地球温暖化の重大な影響であるといえる。

　海中林の優占褐藻の変化は、アワビ漁場として地域の生産者が共同で大切に管理している徳島県海部郡阿部沿岸においても認められる。103ページ左下の1985年2月に撮影した水深5メートルの海底ではアラメ海中林が形成されていたが、同じ場所で2007年10月に撮影した際には、アラメは著しく減少し、変ってヤツマタモクなどホンダワラ類が優占していた（同ページ参照）。アワビの食物としては、同じ量を食べたとしてもアラメ・カジメなどコンブ類はホンダワラ類の約2倍の成長をもたらすので、海中林の暖流系化は非常に大きな問題である。

　過去50年以上も海中林が回復できない北海道日本海南西部の寿都湾において、大量に生息するウニの食害が海中林の回復を阻害する原因であるとの仮説にもとづいて1990年10月にウニを大量に除去した。ウニ除去2ヵ月後には、単細胞の付着珪藻が海底の無節サンゴモを覆い、4ヵ月後には季節的に出現する全長10センチ程度の小形の緑藻エゾヒトエグサが生育（104ページ左上参照）、7ヵ月後には1年生で全長1～2メートルに達する褐藻ワカメ・ケウルシグサが優占（同ページ右上）、さらに2年後には暖流系で、多年生の全長数メートルに達する褐藻フシスジモクが優占する海中林が形成された（同ページ下）。かつてこの海域に優占していた寒流系の褐藻ホソメコンブの生育が認められなかったのは、明らかに、この沿岸を北上する対馬暖流の継続的な流量増加に起因する温暖化によって海中林

215

構成種が暖流系化したからである。

　北海道のオホーツク海から知床半島、根室半島を経て、釧路にいたる沿岸は、毎年流氷が接岸する。流氷の接岸は、豊富な栄養とともに海藻が生育する岩礁海底の表面の付着物を除去し（「磯掃除」と呼ばれる）、新しい着生面をもたらすので、コンブの豊作を約束する。しかし、この沿岸でも流氷が接岸しないことによるコンブの不作が明らかになっている。1990年代前半の羅臼沿岸水深3〜5メートルにおいては、高級品の羅臼昆布の銘柄をもつオニコンブが優占し、葉の表面に凹凸があるスジメも生育していた。しかし、流氷が接岸しない年が持続していた2000年頃にはコンブ類が著しく減少し、ホンダワラ類が優占する海域（101ページ羅臼沿岸写真一番下）や小形海藻だけになった海域が現れた（同中央）。今後、地球温暖化の進行にともなって流氷の接岸が途絶える可能性が高いので、コンブ類の不作が大変懸念される。

　九州南西岸など、より暖流の影響が強い海域では、同じホンダワラ類であっても温帯性の全長が数メートルに達する大形の種から亜熱帯性の1メートル以下の小形の種へと優占種が変化することが明らかになっている。

人間活動で破壊される海中林

　地球温暖化は、人間活動が長期的に影響することによって発生した現在もっとも重大な環境問題である。海中林の消滅は、長期的な地球温暖化によって起こるだけでなく、人間活動の直接的な影響でも起こっている。ここでは、2つの例を紹介する。

　秋田県八森沿岸は、秋田の民謡、秋田音頭にも歌われているようにハタハタの世界最大の産卵場として有名である。同沿岸では、1982年頃まではスギモク、ジョロモク、ヤツマタモク、マメタワラなどホンダワラ類の海中林が形成され、ハタハタの産卵場として機能していた。その後、漁港防波堤が増築されることによって八森よりやや南に位置する米代川から供給される漂砂が対馬暖流によっ

2. 消えつつある日本の自然

海中造林によって回復したホンダワラ類の群落(上)と回復した群落によって産卵場が復活し、再び見られるようになったハタハタ(下、いずれも2000年撮影)

上2点／撮影・中林信康

て供給されて堆積し、1990年代には岩礁が埋没、海中林が消滅した(102ページ参照)。

産卵場の消滅は、ハタハタ資源に大きな打撃を与えたと考えられている。秋田県では、漁港の増築をさらに行わない限り、砂はこれ以上堆積しないことを確認し、海藻礁を設置、ホンダワラ類の海中林を回復させた(写真上参照)。

和歌山県美浜町三尾沿岸では、1980年代まではアラメ・カジメ海中林が形成されており、アワビが年間20トン近くも獲れる極めて

優良な漁場であった。1993年1月に撮影した水深11メートルの海底には、未だカジメ海中林が成立していた。しかし、近隣の日高川から大量降雨時に濁水が大量に流入するようになってからは、濁水中に浮遊する微細な鉱物粒子である懸濁粒子および沈殿粒子による物理的な損傷によって海中林は消滅し、現在ではアワビはほとんど獲れなくなっている。三尾沿岸では、2000年9月に海藻礁を設置し、海中林の造成が図られた。しかし、比較対照として同じ海藻礁を設置した、103ページの空撮写真に見える人工島の南側（手前）にあたる御坊市沿岸ではカジメ海中林は形成できたが、三尾沿岸では形成できなかった。103ページ三尾沿岸の右側の写真は、2002年6月の濁水流入後の水深6メートルの海藻礁の状態である。いずれも海中林は形成されていないばかりか、粒子の物理的損傷に強いと考えられる石灰質の有節サンゴモが優占している。原因となる濁水の流入を阻止して海中林を回復させる努力が期待される。

海中林造成の試み

　崩壊した海中林を修復し、維持管理する技術の開発は、沿岸漁業を守り育てるためにも大変重要である。人間活動による海中林の崩壊は、偶然的な環境変化によるので、原因を取り除けば短期間で修復される。また、一時的な、激越な環境変化による場合も偶然性が高いので、その環境が連続してできない限り、短期間で修復される。岩礁生態系の環境としての海況変動による場合、高水温・貧栄養の海況で磯焼けは発生するが、低水温・富栄養の海況に転ずれば海中林はいずれ修復される。海況変動には周期性があるからである。しかし、地球温暖化の進行はその周期性を破壊する。これまで有効であったウニなど植食動物の駆除によっても海中林は修復できなくなっている。新たな海中林造成技術を開発するとともに、後世のために地球温暖化を阻止すべきである。

3

生物多様性の危機

文／鷲谷いづみ・東京大学大学院農学生命科学研究科

　日本列島は、本来の自然の条件から豊かな生物相に恵まれ、古来より、自然と調和する人間の活動が営まれてきた。しかし、今、生物多様性の喪失と、それに伴う生態系の変化が加速的に進行している。
　私たちは外界を主に視覚でとらえる。したがって、目に見える変化はわかりやすい。第1章の写真からは、風景やランドスケープの変化を直感的に読み取ることができるだろう。見える変化のうちスケールが大きく顕著なものは地形の変化だ。地形の変化は、干拓、造成など直接人が改変したものもあれば、後に詳しく述べる地形の形成・維持にかかわる土砂動態（河川や海での水による土砂の浸食、運搬、堆積などの大きな変動を伴う動き）に人が間接的に干渉した結果によるものもある。
　しかし、同様に深刻なのは、見える変化の背後で広く深く進行する、目に見えない、あるいは見えにくい、さまざまな変化だ。そのなかでももっとも憂慮すべき目に見えない変化は、生態系の「はたらき」とそれらの「つながり」の喪失だ。また、生態系のはたらきのうち「生態系サービス」を提供するはたらきは、ここ数十年の間に急速に劣化している。「生態系サービス」とは、生態系のはたらきにより人間社会に提供されるあらゆる利益、たとえば安全な農産物の生産、気候制御、水質浄化、癒しや感動などのことだ（221ページ図参照）。
　目に見えないものの中には、「変化」にとどまらず文字通り「消えた」ものも少なくない。消えたもの、消える寸前のものには、生物

3. 生物多様性の危機

生態系サービスによる評価と予測

人間の幸福
- 選択と行動の自由
- 安全／衣食住／健康／良き社会関係

生態系サービス
- 資源の供給サービス／調整的サービス／文化的サービス
- 維持的(基盤的)サービス

生物多様性

出典：国連ミレニアム生態系評価
注：矢印の線の太さは影響の程度を表す

多様性そのものだけではなく、地域の自然の恵みを持続的に利用する人間の営みや、それに関連する遠い昔から伝えられてきた技術や文化も含まれる。後で触れるが、こうした営みや技術や文化の消失は、自然そのものの変化と共にこの列島で暮らす人々の将来に暗い影を投げかけている。

　注意深く自然を見守れば気づくことのできる「見えにくい」変化もある。たとえば、在来生物の個体数や遺伝的変異の減少、地域的絶滅、侵略的外来種の急激な増加などは、調査や研究が行われれば数字やデータで表すことができる。そのような変化は、生態系のはたらきや状態の変化を知る手がかりになる。かつて身近な生物として人々に親しまれていた植物や鳥や昆虫や淡水魚のなかにも、絶滅危惧種としてレッドリストに掲載されている種が少なくない。外国産の生物のうちその競争力や繁殖力が強いために生態系への影響が大きい侵略的外来種も身の回りに蔓延している。それらは、生態系

の不健全化を表す確かな「指標」となる。

　1992年の地球サミットでは、温暖化対策のための気候変動枠組み条約とともに生物多様性の保全を目的とする生物多様性条約が採択された。日本も加盟するこの条約では、生物多様性を保全し持続可能なかたちで利用するための国の計画として「生物多様性国家戦略」を策定することを締約国に求めている。日本では5年ごとに戦略の改定が行っているが、2回目の改定後、戦略では、生物多様性を脅かす要因を「3つの危機」に大別している。ここでは、大きな自然環境の変化を、その分類に沿って概述してみよう。

第1の危機「人間活動の直接的影響」

　第1の危機は、人間活動が直接自然を損なうことによってもたらされる危機である。その中で、目に見える自然の変化にもっとも大きく関与したのが「開発」だ。高度成長期やバブル経済期には、国土全体でさまざまな開発が行われ、第1章に示したような風景の激変をもたらした。

「列島改造」の傷痕

　まず、港湾開発を伴う臨海コンビナートをはじめとする大規模な工業地帯の開発によって、干潟、砂浜、岩礁などの海岸の風景が大幅に失われた。

　1970年代にはじまる「列島改造」では、首都の過密と地方の過疎解消を御旗に掲げ、整備新幹線、高速道路網、本四架橋など、全国で大型公共事業が計画され、実行に移された。港湾コンビナートの開発計画に対して漁民や労働者の反対運動が展開した九州の志布志湾の例などもあるが、国民の自然環境へのまなざしはそれら大型公共事業を止めるほどの強さをもたず、また、自然環境の劣化を緩和するための環境影響評価が実施されることもなく、全国で大規模な自然環境の不可逆的な改変、つまり回復不可能な改変が進行した。その流れはいまでも途絶えることなく続いている。たとえば、1966

年に国が計画し、いまだ建設の可否に決着がついていない熊本県・川辺川ダムなど、自然環境に厳しい改造時代の開発計画がいくつも残されている。

　次に、大都市への人口集中は、郊外の宅地開発の後押しをした。1970年代からのニュータウンなどの開発では、大都市のまわりの里山の自然が宅地開発の犠牲となった。ニュータウンには都市公園などが整備されたが、里山の自然の一部を残して公園とするようなことは例外的で、地形は改変され、緑地は芝生の公園、水辺はコンクリートの調節池ぐらいとなり、生きものの息吹に満ちた里山の面影は一掃された。また、1980年代になると、ゴルフ場建設の嵐が日本列島を吹き荒れた。その結果、空から眺めると大都市圏のまわりには「ゴルフ場銀座」ともいえるほどゴルフ場の集中が認められるだけでなく、地方でも空港のまわりやリゾート地に広大なゴルフ場が目につくようになった。

森林の開発

　自然性の高い森林も、多くの開発の犠牲になってきた。森林をめぐる開発にはさまざまな様態があり、国土の67％を占める「森林面積」にだけ目をむけると、開発による変化の大きさを過小評価することになる。植林による人工林の開発が盛んに行われたからである。日本列島ではわずかにしか残されていない原生的な自然の姿を残す自然林や河畔林などが伐採され、生物多様性が喪失したとしても、そこに植林が行われ、地目が森林であれば、森林面積の減少にはならないからだ。いまだに続いているそのような開発によって失われるのは、それらの森林に特有の生物多様性だけではない。それぞれの土地の本来の森林の姿をとどめる自然性の高い森林がなくなれば、たとえ森林を再生しようとしても、目標像を描くことができない。

　戦後から1970年代まで官民をあげて取り組んだ拡大造林の時代には、スギやヒノキやカラマツの植林が盛んに行われ、自然林、多様な落葉樹からなる雑木林、生物多様性の高い草原が人工林に変えら

れた。このような植林が深刻な生態系の危機をもたらした地域も少なくない。中部地方の高標高地では、シラビソ、オオシラビソ、トウヒなどの針葉樹の自然林が伐採されてカラマツの造林がなされた。固有の希少針葉樹であるヤツガタケトウヒ、ヒメコマツなどの絶滅の危険が高まっているだけでなく、針葉樹の自然林の孤立化が進んでいる。

　シラビソ、オオシラビソなどの自然林とカラマツの人工林では、林床の植生や土壌の性状がまったく異なる。そのため、生物多様性の視点から見て、後者は前者の代替とはなりえない。つまり、人工林によって分断された亜高山帯の自然林の動植物は、今後温暖化が加速する中で、生息・生育の適地へ移動することがきわめて難しいのが現状である。

　人間活動の間接的な影響による自然環境の深刻な劣化も目立ち始めている。たとえば、近年、異常に増えたシカは、森林や湿原に被害をもたらし、絶滅危惧植物の局所的な絶滅をまねいている。シカの増加要因の一つとして、温暖化の影響が疑われている。積雪の減少や暖冬によって自然死亡率が減少しているからだ。さらに、耕作放棄地の増加などの土地利用の変化、狩猟人口の減少、外来牧草を用いた治山やのり面緑化にともなう採餌環境の向上など、人間活動の影響が複合的に作用しつつシカの増加をもたらしていると推測できる。

湿地の開発

　明治期以来の干拓や埋め立てにより、目に見えて面積を減らしてきたのは湿原や湖沼・干潟などの湿地である。

　渡り鳥の著しい減少には、越冬地における環境破壊など、日本列島の外での環境変化も大きく影響している。しかし、国内での干潟をはじめとする湿地の大幅な消失や劣化が、鳥類の生息条件の全般的な悪化をもたらしたことは疑いがない。ラムサール条約（湿地の保全にかかわる国際的な条約）の登録湿地である千葉県・谷津干潟

では、富栄養化によると考えられるアオサの異常繁殖が干潟の機能を大きく損ない、シギ、チドリをはじめとした渡り鳥の生息を脅かしている。

　河川や沿岸域の動植物の生息や生育基盤となる地形などの物理条件の改変は、日本列島全体にわたり目にすることができる。特に、湿地や沿岸域の埋立てとさまざまな構造物の設置は、生物の生息・生育条件を大きく改変した。それらは、富栄養化などの水質の変化とあいまって、藻場、干潟、サンゴ礁における生物多様性の低下を招いている。北海道・石狩平野の開発、秋田県・八郎潟の埋め立て、ごく最近になってからの長崎県・諫早湾の干拓などは、規模の点でも影響の点でも特筆すべきものといえよう。

　平成になってから農林水産省によって着工された諫早湾の国営干拓事業では、干潟が干し上げられ「死んでいく」様がマスコミを通じて国民の注視するところとなった。「ギロチン」にもたとえられた潮受け堤防締め切りの映像は、マスコミを通じてくり返し国民の目に触れ、このような開発に対する疑念を広げるきっかけとなった。科学技術振興機構（JST）が国内外の典型的な失敗事例を取り上げた「失敗百選」には、この事業による漁業被害が「建設の失敗例」として取り上げられている。

河川の開発

　白い水しぶきをあげながら青い水が走る。岩の上の春は萌えるような若葉、秋は燃えるような紅葉が目にまぶしい。流れに棹さしながら川下りの船が観光客を運ぶ。腰まで水に浸かって鮎釣りの竿を投げる人がそこここに佇む。そんなもっとも日本らしい渓流美や風情が日本中の川から消えた。現在、そこはダムの貯水地、またはダム下流の減水域になり、以前とは似ても似つかぬ自然に変貌している。

　人工的に水位が管理され、自然にはありえない水位変動を示す水辺は、人工的な雰囲気が漂うだけでなく、本来その場所に生活して

いた生物の暮らしを一掃した。今では、清流という、涼やかな日本語は死語に近い。清流が育むアユは、清らかな流れにころがる石につく香り高い藻類をはみ、その身も香り高い。清流が消え、それとともに独特の食文化も消えようとしている。

　山間部でのさまざまな開発による改変に異常気象が重なり、山腹崩壊、地滑り、土石流による災害も頻発するようになった。ダム湖内に流入した土砂の堆積によるダムの機能低下、ダムそのものの影響による下流への土砂の供給阻害、河川水量の時間的変化（河川の流量変動パターン）の改変、砂利採取などとあいまって、河床低下などといった川の地形の変化、海岸の浸食などが起きている。

　河床低下は河川の複断面化（水面と河原の高さの差が大きくなる現象）をまねいている。それは、シナダレスズメガヤなどの外来牧草やハリエンジュなどの外来樹の侵入とあいまって、かつて中流域に広範に存在した礫河原の独特な生態系と生物多様性を急速に損ないつつある。

　生物多様性を保全する上で深刻な問題をはらむ土砂動態や河川の流量変動パターンの改変については、その実態も生態系への影響も十分に把握・評価されているとはいえない。一方、生物の生息環境に配慮を欠いた過度の防災工事や堰・護岸など人工構造物の築造が、陸水域から陸域にかけての植生移行帯（エコトーン）および上流部から海へいたる水域生態系の連続性を損ない、生物多様性を大きく損なっている。

　あらゆる開発の場における建設・建築に必要なコンクリートの需要も、河川の性状や土砂動態へ大きな影響をおよぼした。コンクリートの材料となる砂利が、川から大量に採取されたからだ。他方、やはりコンクリートの材料となる石灰石は、各地の石灰岩地帯から採掘され、かつての山容を想像することすらできない無惨な姿をさらす山が目につくようになった。見た目の異様さだけではない。石灰岩を母岩とする土壌に生育する石灰岩植物はもともと希少であるが、こうした石灰岩地帯特有の植物がその生育場所を喪失し、絶滅

の危険を高めている。

第2の危機「伝統的な利用・管理がすたれたことの影響」

　適切な利用・管理によって維持されてきた里山・里地は、生きもののにぎわいあるすこやかな風景によって私たちの目を楽しませてくれる。その生態系は、多様な生物資源の提供を通じて人間の生活と生産を支えてきた。里地の中心をなす水田は、農地ではあると同時に、湿地、水辺としてさまざまな生物に生息環境を提供してきた。

　しかし、現在では、開発、生物資源の過剰利用、利用管理の放棄と近代化、外来種の侵入などの影響を受けて、その劣化が著しい。私たちの生活を支える生態系のはたらきが衰え、多くの普通種（希少種ではない普通の種）が絶滅危惧種としてレッドリストに掲載されるなどの生物多様性の低下が目立つ。利用・管理の放棄は、競争力の大きい少数の植物種の過度な優占を介して生態系の単純化を引き起こしている。

　たとえば、関東地方では、管理が放棄された雑木林で林内にアズマネザサが密生し、かつてそこを生育・生息の場としていた動植物の生活空間が失われている。タケやササなど、かつては資源として里山や水辺において利用されていたイネ科植物が管理放棄されることで急速に分布を拡大、また、枯れて堆積することなどで生物多様性の保全上、困難な問題がもたらされている。

　マツ類は土壌が過湿であったり、乾燥しがちであったり、貧栄養であったり、強風にさらされるなど、森林の成立に好条件とはいえない場所でも育つ。そのため、江戸時代には過湿地にアカマツ林を造成することが奨励されたり、防風林としてクロマツの林が造成された。マツが条件の悪い土壌でも生育できるのは水や栄養塩の吸収を、共生するマツタケなどの菌根菌（植物の根の周囲もしくは内部で生活し、植物と共生する菌類）に助けられるからである。海岸のマツ林にはショウロが出るが、これもクロマツと共生する菌根菌である。これらの菌根菌は、地表に落葉・落枝がつもって富栄養化す

ると，他の菌類との競争に負けて生育がさまたげられる。マツ林に特有のこれらのキノコは、かつては、人間が肥料や燃料用に落ち葉掻きをすることによってマツとの共生が可能であった。

しかし、利用・管理を放棄されたマツ林では、これら人間にとっても価値の高いキノコが見られなくなる。それは、菌根菌という水や養分の吸収を助けてくれる共生の相手を失ったマツの健康が損なわれていることを意味する。健康状態が悪化したマツはマツ枯れなどを起こしやすくなる。マツ枯れの病原生物である線虫を運ぶカミキリムシを防除するために盛んに農薬の空中散布が行われたが、マツ枯れの進行状況からみて、昆虫を無差別に殺戮する「化学戦」が、マツ枯れ対策に十分に寄与した、とはいえないようだ。

マツ林を人が利用・管理することが、マツと菌根菌の共生を可能にし、マツの健康を守る一方で人はマツタケやショウロなどの貴重な食材を手に入れることができた。このような三者間でなりたっていた共生は、人がマツ葉の利用と管理を放棄したことでも崩れてしまった。古来、「白砂青松」とその美しさを称えられ、ショウロなどの自然の恵みの宝庫でもあった海岸のマツ林が消えたのは、沿岸域でのさまざまな開発に加え、人間が利用・管理を放棄したことにもよる。

植物資源の利用がすたれ、管理が放棄されたことは、これ以外にも多岐にわたる問題をもたらしている。たとえば、管理放棄された雑木林や草原の藪への変化は、クマ、シカ、イノシシ、サルの里地への侵入の誘因になると推測されている。これら哺乳類が人間の生活域に侵入して農林業被害をもたらすことは、農家の生産意欲や定住意欲の低下を招き、いっそうの過疎化と耕作放棄を加速している。

第3の危機「外来生物による生態系攪乱や化学物質の影響」

外来生物の増加は目につきやすい形でも進行している。たとえば、セイタイカアワダチソウ、オオキンケイギク、ネバリノギクなど、侵略性の高い外来植物は、花期には、風景をそれぞれの花の色で一

面に塗りつぶすため、誰もが気づきやすい。

「耳」で容易にとらえられる外来生物もある。ボーという不気味な鳴き声を響かせるウシガエルだ。雑食性で大食漢のウシガエルは、ため池の生態系に大きな影響を与える。自力で陸を移動して分布を拡大するので、ブラックバスなどの外来魚よりもタチが悪い。外来生物は、他の要因と相乗的に生態系を不健全にする。これらの外来生物が侵入すると、その場所からは生きもののにぎわいが失われ、自然とのふれあい活動に大きな支障が生じる。

本書では十分に取り上げることができなかったが、外来生物によりきわめて大きな変化が生じているのは、西南諸島や小笠原諸島など南の島々だ。南の島々では開発もさることながら、侵略的な外来生物の影響による生態系の変質が著しい。餌として利用する生物の範囲の広い広食性捕食者は特に大きな影響を与える。小笠原ではトカゲの一種であるグリーンアノールの捕食によりオガサワラシジミ、オガサワラトンボ、オガサワラアオイトトンボ（日本のアオイトトンボのうちで最大）などが絶滅寸前となった。

外来種の排除や駆除のとりくみはごく一部の侵略的外来種に対してごく一部の生息域で実施されているにすぎない。今後、その飛躍的強化が望まれる。外来生物は一度定着すると、時として爆発的に増加し、時間がたてば排除が困難になる。予防的なアプローチにより初期のうちに対処すれば、わずかな経費と労力によって生態系からの排除が可能である。外来生物の侵入を予防し、また有効な対策をたてるためには、種の生態や生活史を踏まえた監視、防除、排除手法の開発が欠かせない。現状では、外来生物対策はきわめて不十分にしか実施されていないため、日に日に外来生物によって国土が蹂躙されつつある。

里山里地の多様性のふるさととしての氾濫原

ここまで、生物多様性の3つの危機について見てきたが、さらに、里山・里地の生物多様性の由来を考えると重要な場は河川の氾濫原

である。

　里地里山は、農業生産の場であり、さらにさまざまな生物資源や水資源の採取の場をあわせ持つ。そのため、生物にとって多様な生息・生育場所がモザイク状に存在している。その由来、ルーツとして重要なのは、氾濫原（川の氾濫の影響をうける範囲、多様性の高い地形と環境条件を特徴とする）だ。人類が進化してこの方、狩猟採集時代から、農業が始まり、現在にいたるまで、人間の活動の主要な場は沖積地や扇状地などの河川の氾濫原であった。ロンドンはテムズ川のほとりに、パリはセーヌ川のほとりに、というように大都市の多くは河川の氾濫原にある。人の生活はつねに氾濫原の水辺の近くで営まれてきたのである。

　火山列島である日本列島では地形が険しく、モンスーンの影響で降水量が多い。河川は頻繁に氾濫して通常の流路からあふれ、澪すじを変える。上流域の氾濫原は、増水時の氾濫水がおよぶ谷の中に限定されているが、下流には細粒土砂が堆積した広い氾濫原が発達する。中流域から下流域にかけての氾濫原では、流水、氾濫水、伏流水、地下水など、さまざまな様態の水が時間と共に変動しつつ、池沼、湿地、湧水など、多様な水辺の環境をつくる。池沼や湿地は、網状に流れる川と増水時につながり、変化に富んだ水のネットワーク（水系ネットワーク）をつくりだす。

　氾濫原の池沼は、少なくとも縁の水深の浅い場所は、水草や湿性の植物に覆われる。水深のやや深い場所にはクロモやササバモなどの沈水植物、それより浅い場所にはアサザやヒツジグサなどの浮葉植物、さらに浅い場所にはガマやヨシなどの抽水植物が広がる。これらの植物は、そこに生きる動物や餌動物の餌になり、食物連鎖によって動物の生活を支える。その一方で、天敵から身を守る隠れ場所、交尾場所や産卵の場となり、動物の生活に欠かせない環境を提供する。

　植物が生産する有機物がたまり、抽水植物や陸生の湿地植物が繁茂するようになると、それらに覆われて水面が失われる。しかし、

3. 生物多様性の危機

ときおり起こる氾濫が植生を破壊して新たな開けた水面を作り出す。池や沼などの止水域は、その一つひとつは永続的に存在するものではなくても、氾濫原全体には常に多様な池沼や湿地が存在する。つまり、局所的に見れば、その場所は水面になったり植生に覆われたりというように変化しても、全体を見ると常時同じような環境の組み合わせが見られ安定している。また、氾濫原の土砂が堆積しやすい場所では自然堤防などが形成される。比較的安定しているこのような立地には氾濫原特有の樹林が成立する。多様な水域、草原、樹林がモザイクのように組み合わされ時間とともにダイナミックに変化するこのようなシステムを、生態学では「シフティング・モザイク」と呼ぶ。

氾濫原の水域では、季節に応じた規則的な水位の変動が見られる。生活史の少なくとも一時期を氾濫原の水域で生活する動物は、そのような季節的変動によく適応するとともに、時おり生じる予測不能な変動にも対処する能力を進化させている。また、河口域には、汽水から淡水まで、塩分濃度の異なる止水域が存在する。トンボや両生類など、氾濫原の生物はこれら多様な水辺環境および樹林、湿地など、異なる環境を組み合わせて利用する。

水と栄養塩という植物にとっての資源が豊富な氾濫原は、生物生産性の高い生態系だ。また、環境の多様性と攪乱に応じて動植物の種の多様性もきわめて大きい生態系でもある。しかし、自然の氾濫原は古くから農地や居住地、工業用地として開発され、その名残は、河川域にわずかに残されているだけだ。それら「氾濫原のかけら」の一片ともいえる貴重な自然も、ここ数十年のあいだに多くの川でゴルフ場や運動場などに変えられてしまった。

氾濫原から始まった稲作

水が豊かで生物生産性の高い氾濫原は、古くからから、狩猟・漁労・採集の場として人の主要な営みの場だった。稲作がはじまったのも氾濫原からだ。

たとえば、東アジアの稲作文化の起源地とされる揚子江デルタの遺跡からは、8000年ほど前に氾濫原の沼沢地で定住生活を営んでいた狩猟採集民が稲作をしていた考古学的証拠が発見されている。日本の縄文時代とも共通する自然のめぐみに恵まれた定住生活、火入れによる植生管理、家畜利用などの痕跡は、定住の場である里における東アジアの「自然との共生」の起源がその時代まで遡れることを示唆する。
　東南アジアや中国に広く分布する野生のイネは、もともと氾濫原の湿地の植物だ。稲作は、野生のイネの生育場所だった氾濫原の湿地において、次第に人による管理が強まり、採集から栽培へ移行した。稲作が伝播するにあたっては、イネの生育に適した氾濫原の浅い止水域や湿地が栽培場所に選ばれたと思われる。
　日本各地で発見される水田の遺跡から、日本列島ではすでに2000年以上前から水田稲作がおこなわれていたことがわかる。近代的な土木技術が発達するまで、水田は自然の条件を活かして川がつくる谷筋や平野の氾濫原に開かれた。そのため、氾濫原を生活の場としていた動植物の多くが代替の生息・生育場所として水田に住み込んだ。淡水魚も池沼や一時的な止水域と同様の環境として水田を産卵の場とした。ゲンゴロウなどの水生昆虫や水草も、池沼に加えて水田を生活の場とするようになった。
　近代から現代にかけて氾濫原が開発されて水系ネットワークが大幅に縮小しても、水田、ため池、用排水路などの身近な水辺は、氾濫原の多様な湿地の代替として、多くの湿地の生物の生活を支えた。氾濫原の水系ネットワークのように、水田も用排水路で河川と結ばれている。また、氾濫原では、季節的に、また不定期に氾濫が起こって植生を破壊する作用である攪乱が生じるが、同じように、耕作、肥料・燃料として利用するための植物の刈り取り、水の利用・管理のための池さらいや用排水路の清掃などといった農の営みが、環境に攪乱を定期的に与え、氾濫原湿地に生活史の一部もしくはすべてを委ねる生物の生活に必要な環境変動をもたらした。つまり、水田

3. 生物多様性の危機

氾濫原の自然

川の浸食・堆積作用、水による撹乱
→変化に富んだ地形
→多様な植生

人の伝統的な利用形態（草地の火入れ、刈り取り、雑木林の伐採など）が適度な撹乱をもたらし、生態系の多様性を維持・増進

川の氾濫により冠水する草原　　周囲より少し高くなった土地（自然にできた堤防）　　後背湿地

水面

採草地
肥料のためなどの草を採取

雑木林
薪や炭の材料などを採取

水田、ため池

　稲作とそれに関連した多様な生物資源の利用は、氾濫原の生きものの生息・生育の条件を保障した。伝統的な稲作が水辺の生物多様性を損なわず、むしろその持続に役だったのは、水田を含む身近な水辺が氾濫原湿地に起源を持ち、人間活動に伴う撹乱が自然の撹乱と規模においても質においてもそれほど異なるものではなかったからだろう（233ページ上図参照）。

身近な水辺環境の喪失・改変

　田植え前後の陽光きらめく水面から、イネの成長につれてうす緑色から緑色へ、そして黄金色へと水田は彩と趣を変化させる。近代化されるまえの水田は、その風景としての美しさだけでなく、生きもののにぎわいにおいても第一級の湿地であった。

　一昔前までは、昆虫には、害虫か益虫かといった稲作上の関心以外に、一部は食べ物として、あるいはそれらを捕らえる「ゲーム」、

つまり娯楽対象として、人々が関心を寄せ、親しみを感じてきた。

　ところが、ここ数十年間で事情が一変した。売れ筋の品種の米を効率よく生産するためのほ場整備、ため池の近代的改修、用水のパイプライン化、排水路のコンクリート護岸化、肥料・農薬の多投入による画一的な「慣行」稲作は、水田、ため池、用排水路などの身近な水辺環境を激変させたからだ。そして、水田、ため池、用排水路の環境が大きく変化したため、水辺に日常的に見られた昆虫をはじめとする生きものが姿を消した。タガメなど、絶滅危惧種のリストに掲載されたものも少なくない。同時に、それらの生きものに対する人々の関心や親しみも失われた。子どもか大人か、農村に住んでいるか否かにかかわらず、水田を含む身近な水辺の「普通」の生きものへの無関心が広がって数十年の時が過ぎた。

　この変化は、日本の自然にかかわる変化の中でも際だっている。豊かな生物多様性と多様な生態系サービスを提供するポテンシャルをもった特有の「湿地生態系」が、全国各地において画一的に喪失してしまったことを意味している。

川を介して山から海へ流れる土砂の重要性

　すでに触れたが、土砂動態の改変は河川や海の自然を大きく変化させつつある。

　時間の流れとともに、自然はその姿を変える。大きな時間尺でみると地殻の運動は、大陸や山地をつくりだし、また移動させる。火山帯と呼ばれるマグマの活動の盛んな場所では、とくに造山作用が活発である。日本列島は火山帯をなしており、その地形の成り立ちに火山帯の活動が果たした役割が大きい。

　山紫水明と称えられる日本の国土は、その成因からして山がちで平坦な土地は少ない。また、モンスーンの影響をうけ、降水量は多く、季節がはっきりしている。梅雨や台風シーズンには短期間に大量の雨が降って河川は増水する。険しい地形により急流となる河川の水量は、季節的にも、また、そのときどきの流域の雨量の影響を

3. 生物多様性の危機

うけて大きく変動する。

　流水は山を削って土砂を産み出す。増水時の川にはさまざまな粒径の土砂が流れる。それぞれが粒径などの物理的な特性に応じて流路と河原に堆積し、より粒の細かい土砂は海にまで運ばれる。それによって地形が動的に形成され、維持される。海では、堆積が起こりやすい場所で、地形に応じて砂浜や干潟が発達する。私たちが今目にしている地形は、長い年月にわたるこれらの作用の結果だ。地形のみならず、植物の生育に大きな影響を与える土壌の物理的な特性もそこに堆積している土壌の粒子の組成に大きく依存する。上流域から海岸にいたる各所に成立する植生も、このダイナミックな土砂動態によって生育の条件が整えられる。たとえば、中流域の砂礫の氾濫原にはそのような土壌に適応した河原固有の植物からなる植生が見られ、下流域の細かい土砂が堆積した河原にはヨシ原が発達する。

　このような土砂の動態は、山地から海に至る河川の連続性、「つながり」に大きく依存している。このつながりが遮断されれば、当然、地形の変化や植生の変化がもたらされる。現在は、河川には土砂の動きを妨げる構造物が無数に設置されており、連続性は大きく損なわれている。連続性の遮断によって阻害されているのは、土砂動態だけではない。日本の多くの淡水魚は、回遊により生活史の異なる段階で異なる生息場所を利用するが、現状では、それらが自然の個体群を存続させる条件は著しく損なわれている。

　土砂の生産の場である山地では、河川の流路を安定させたり土石流を防止するために大小の無数の砂防ダムが設けられている。それによって下流側への土砂の供給が妨げられる。同様に、ダムには大量の土砂が溜まり、下流への土砂供給が著しく損なわれている。このことは、河川だけではなく、それが流れ込む海岸にも大きな影響を与えている。

　海岸では、河口から海に出た土砂が、海水の動きにともなって移動する。一部は沖合に向かって流出し、残りは漂砂となって海岸に

沿って移動する。海水によって運ばれた砂は地形に応じて堆積して砂浜を形成・維持する。

　今日では、河川が運搬する土砂の量が大幅に減少しており、土砂の供給不足から砂浜が痩せたり、それが高じて喪失するなどの例が広く認められる。また、砂丘の消失も顕著だ。開発による直接的な改変に加えて、河川によって海に運ばれた砂が漂砂となり海岸に堆積する作用が低下したことで、砂丘を維持するだけの砂が供給されなくなったのだ。

　いまだに海岸が残されている海岸線でも、海岸浸食を防ぐためにテトラブロックが置かれており、何も人工物のない自然の海岸の景色を眺めることができる海岸線は希有になっている。

　水による土砂の浸食・運搬・堆積に依存する地形の動態を安定させるには、長期的に土砂の収支バランスをとることが課題となる。それは、河川の上流域から下流域まで、それぞれの場所にふさわしい自然を維持・回復させるためにも必要な条件である。

山地から海までの生態系のつながりの阻害

　見た目の変化よりもいっそう深刻な問題は、生態系のはたらきが変わってしまったことだ。そのなかで「つながりの阻害」とでもいうべき問題が深刻化していることは前にも述べた。

　山や里に降った雨は森や草原、そして田畑を潤し、地表と地下を流れやがてその一部が河川水になり、河川をたどって海に注ぐ。こうしたはたらきは、降水と蒸発・蒸散といった大気と地上の間での水の動きと共に水の循環を構成している。

　水の循環は、気候を制御する一方で、人間による水の利用可能性を支配する。山地と海の間をつなぐ河川は、水の流れにより、さまざまな化学物質や生物の移動をもたらす。生物の移動は、流れに沿った受動的なものもあれば流れにさからう積極的なものもある。

　山地から海までは水や土砂が流れ、生きものは海に下る方向にも海から上流域にも移動し、生態系のはたらきにとって重要なつながり

山から海までの生態系のつながり

を担っている。生態系の管理や再生にあたっては、こうした全体のつながりに目を向けた上で、地域のさまざまな活動を調整していくことが望まれる。しかし、現状では、それぞれを管理している行政も、それに関連した仕事をしている研究者も、特定の空間的範囲の特定の現象のみに特化して仕事をしており、全体へのまなざしをもつことが難しい。

　森林管理は林業の観点のみを重視し、河川管理は主に治水と利水のために、農地管理では作物の生産性を高めることのみを重視して行われ、海岸は工業用地や農地の拡大・利用、港湾としての利用という観点からのみ管理されてきた。流域全体に目をむけて、水、土砂、物質、生物の動きを考慮した計画を立てることや、相互の関係について十分な調整がなされることはほとんどなかった。現在の自然の状態は、個々の「開発」が相乗的に自然環境を悪化させた結果、もたらされたといえる。

日本人の食卓に馴染みの深いウナギも、今、絶滅危惧種になりそうな事態に直面している。これも、海から河川、水田のまわりまでの水系ネットワークが分断化されていることや、氾濫原の環境が損なわれていることが原因となっている。山から海にいたる流域全体の自然環境に目を向け、生態系のはたらきやつながりのあるべき姿を取り戻すために、市民、各分野の行政や研究者が力を合わせること。それが、生物多様性の保全、しいては今後も豊かな生活・文化を保ち続けるための急務となっている。

4

私たちにできること

自然環境と地域の再生にむけて

文／鷲谷いづみ・東京大学大学院農学生命科学研究科

　山紫水明、風光明媚、清流、白砂青松など、自然の美しさを称える言葉は日本列島では次第に実感を伴いにくいものになりつつある。変化に富んだ地形・地質・気候を特徴とし、世界有数の豊かな生物相を誇る日本列島においても生態系の不健全化は急激に、確実に進行している。本書では、第1章に示したような視覚でとらえられる変化に加え、生態系のはたらきやつながりが損なわれている現状についてもさまざまな面から現状を述べた。その現状は、豊かな自然環境を活かした地域づくりの可能性の喪失という点から、社会的にも経済的にも由々しき事態であるといえる。
　人口減少・高齢化は日本中で深刻な問題となりつつある。その理由は、かつてそれらの地域を支えていた農業をはじめとする第一次産業が衰退したことだ。第一次産業が経済的な活力を失い、それと対照的に第三次産業が成長することは、世界的な傾向である。それは、経済学ではよく知られた「ペティ・クラークの法則」にのっとったもので、統計資料でも把握できる事実である。経済発展に伴い、第一次産業就業者が大半を占める段階から次第に製造業などの第二次産業就業者が増加し、次いでサービス業などの第三次産業就業者が増加する。第二次産業の拡大にも限界があり、最終的には第三次産業が増加し続けるというのがその法則だ。日本における第一産業の経済的な重要性（GDPや雇用に占める比率）は、わずか数パーセントにまで低下しており、今後、経済も雇用

もますますサービス産業によって支えられる方向にある。

　第一次産業の経済的な価値の低下が厳然たる法則であるとしても、農業、林業、漁業などが、安全な食料の供給や食文化・地域文化の面で、時代を超えて普遍的に重要であることはいうまでもない。地域経済を支える産業としての役割の相対的低下が抗うことのできない経済法則であったとしても、地域社会は、持続可能性を確保するためにはそれらの価値を守るしくみを構築しなければならない。そのしくみにおいては、自然環境の豊かさと魅力が重要な役割を果たすはずである。

　もし、その地域が、自然環境やそれとかかわる文化の豊かさで独自の魅力を持っていれば、人口の集中度をますます高めつつある大都市の住民や外国からの訪問者が惹きつけられ、多くの人々がその土地を訪れ、滞在するだろう。それは、自然環境の魅力をサービス産業によって経済的な価値に転化することであり、サービス産業の活力によって第一次産業も存続の基盤を獲得できる。

　たとえば、地域の食材をつかって独特のサービスを提供する宿泊施設やレストラン、清流でのラフティングやカヌーなどのレクリェーションを目当てに人々がやってきて滞在すれば、雇用が確保され、サービス産業への食品や資材の提供によって環境保全型の一次産業の活動を維持できるだろう。大都市にはないものが人々を惹きつけるのであり、独特の自然環境や伝統文化などは「地域の宝」としての価値をもつ。その魅力を失わせることのないようにし、また、それを内外に発信することによってのみ、第一次産業を含めた地域の維持・振興が可能となる。

　自然環境の現状に今しっかり目をむけ必要な保全・再生の実践を始めることは、地域における持続可能な経済を確保するために、もっとも重要な課題である。低下した生物多様性や生態系のはたらきの回復は、地域社会の将来にとって死活問題でもあるのだ。

　20世紀後半の第一次産業に係わる開発と近代化が生態系の健全性と生物多様性を大きく損なったことは、ヨーロッパ、北米など

の先進国と共通する。農地整備、肥料と農薬の多投入、水資源開発、拡大造林による森林や草原の人工林化、農薬の空中散布による害虫防除などは、普通の生物までを絶滅危惧種に追いやる大きな影響をもたらした。一方で、自然環境に対して調和的で生物多様性を維持するのに寄与していた里山や水辺の管理などを含む伝統的な営みは廃れ、世界共通の侵略的な植物種が占拠する画一的な景観が広がった。この現状を放置しては、地域の将来はない。

　これまでとは方向を大きく変えて自然環境の保全と矛盾しない健全な第一次産業をデザインして第三次産業との連携を強化することに加え、人間活動の撤退を余儀なくされる場所においては、自然性の高い健全な生態系が自ら速やかに回復するための初期条件を整えることも必要だろう。また、生態系の健やかさ、自然の美しさ、そこから生まれるさまざまな恵みと楽しみを享受する術を再生することは、地域の魅力を高め、経済的に自立した地域づくりの条件となる。コウノトリの野生復帰の取り組みを環境保全型農業や環境産業の振興と結びつけて地域づくりをしている兵庫県豊岡市や、水田をラムサール条約登録湿地に含めて創造的な環境保全型の農業を展開している宮城県大崎市などに、その先進的な実践の事例をもとめることができる。

まずは応急的自然再生から

　流域規模など生態系修復の空間スケールとしてのぞましい規模での本格的な自然再生にとりくむためには、現状では社会的な認識の広がりも制度整備も十分とはいえない。しかし、再生のための社会的な条件が整うのを待っていては、生態系の不可逆的な変化が継続し、根本的な生態系の回復はのぞめなくなる。まずは、応急的、緊急避難的な「自然再生」によって絶滅危惧種、重要な生物間相互作用、生態系機能などを維持することが必要である。そのような実践の場を利用して、いまだ圧倒的に不足している生態系や野生生物に関する知識を蓄積し、生態系への理解を深める

ことは、本格的な自然再生にむけた準備として意義が大きい。

応急的な自然再生においては実践・事業を科学的な実験として計画すること、つまり、絶滅危惧種などの指標種のおかれた生態的状況をできるだけ正確に把握し、影響要因や複合的作用についての仮説を立て、それを検証できるような実践計画をたて、モニタリングにもとづく評価・検証を経て、新たな仮説をたてて次の段階に進むというような「仮説・実験・検証」サイクルを積み重ねていくことが望ましい。シンボルとなる生物などのモニタリングに広く市民が参加できるしくみを用意すれば、保全・再生への参加の輪を広げるだけでなく、互いに学び合う中で解決すべき問題のいっそう深く広い理解が得られるだろう。

生態系ネットワークの再生を

2000年代になってから、冬季に湛水して不耕起で農薬と肥料を使用せずに稲作をする「ふゆみずたんぼ」のとりくみ、トンボやカエルなどの生物の生活史にあわせる水田の水管理、休耕田に水を張って湿地としての機能をもたせるとりくみ、河川と水田の間の魚類の往き来を取り戻すための魚道設置など、水辺・湿地としての水田の機能を高め生きもののにぎわいを蘇らせるためのとりくみが、全国で野火のように広がり始めている。それら地域における生態系ネットワークを越えて、広い流域規模のネットワークの回復が課題となっていることは前章でも述べた。

2003年には過去に損なわれた生態系その他の自然環境を取り戻すことを目的とした自然再生推進法が施行されたが、これにもとづくもの、もとづかないものを含め、多くの自然再生の事業が氾濫原湿地の再生をテーマに進められている。氾濫原湿地と水田を含む生態系ネットワークに加え、山地から海までの生態系のつながりの再生は、新しい国土形成計画や生物多様性国家戦略などにおけるネットワーク政策の実現における要ともいうべきものであり、その実現のためのしくみをつくることがもとめられている。

国のとりくみ
知床にみる自然再生への道

文／渡辺綱男・環境省自然環境計画課

　今から50年ほど前、私が幼少の頃の東京・世田谷には樹林や原っぱ、水辺が身近にたくさんあった。庭先に飛んできたオニヤンマに小さな手を伸ばした時にバクバクと音を立てた自分の心臓の鼓動を今でもはっきりと覚えている。しかし、こうした身近にあった自然は時代とともに失われていった。日本は明治維新後、とりわけ戦後にめざましい経済的な発展を遂げた一方で、生態系の破壊や生物種の減少が進み、国土の風景は貧弱なものとなり、生きとし生けるもの一体の自然観や地域固有の文化までも失いかけている。

　世界の状況に目を向けると、熱帯林の減少や生物種の絶滅の進行への危機感が高まり、1992年の地球サミットにあわせて生物多様性条約が採択された。これは地球上の多様な生態系、生物種、遺伝子とその恵みを国際社会が協力して次世代に引き継ぐための枠組みだ。生物多様性の保全と持続可能な利用を目的とした「国家戦略」の策定を各国に求めている。

　日本は1995年、生物多様性という新しいキーワードのもとに関係省庁がひとつのテーブルにつき最初の戦略をつくった。2002年改定の戦略では、「開発や人間活動による生態系の破壊、種の減少」、「里地里山での人間活動の縮小による環境変化」、「外来種による生態系のかく乱」という3つの危機をあげ、残された自然の保全に加えて傷ついた自然の再生を施策の柱に掲げた。2007年に始まる第三次戦略では、3つの危機に加えて地球温暖化による深刻な影響をあげ、地球

規模の視野を持って行動する必要性を強調したうえで、この100年、特に戦後50年の間に急激に損なわれた生態系を、奥山から都市、海洋も含む国土全体にわたって、エコロジカルな国土管理により100年がかりで回復していくことを提案した。

サケが戻った知床の川

　自然の保全・再生を通じて自然共生社会をつくり上げていく、その方向性を考えるためのひとつのモデルとして北海道・知床のとりくみを挙げたい。知床は日本でも原生的な自然が残された貴重な地域である。知床の山麓部では戦前、戦後を通して入植者が開拓を試みたが、厳しい自然条件に阻まれ離農していった。開拓跡地が開発業者に買収されつつあった1977年、知床の西側に位置する斜里町の当時の町長が開拓跡地の保全・再生を進めるために「しれとこ100平方メートル運動」を提唱し、募金を呼びかけた。この運動は全国的な反響を呼び、およそ5万人の寄付によって約460ヘクタールの土地が取得された。さらに1997年からは原生的な森の再生をめざす「100平方メートル運動の森・トラスト」が展開されている。地域の発意と多くの人たちの参加・協力によってこうした運動が実施された意味は大きい（10ページ参照）。

　2005年、知床は世界自然遺産に登録された。流氷がもたらす豊かな生態系、そして陸と海が一体となった生態系の価値が認められたものだ。登録に際して海域生態系の保全の強化や、ダムがサケ類の遡上に及ぼす影響の評価と改善などが世界遺産委員会から勧告された。斜里・羅臼両町ともに漁業は基幹産業である。そのため、豊かな海域生態系の保全と持続的な漁業の営みの両立を目的とした海域管理計画を、行政、研究者、漁業者による議論を重ねて策定した。地元の漁業者が長年続けてきたきめ細かな資源管理の智恵や手法をベースにすると同時に、スケトウダラ、トド、オオワシなど知床の海域生態系を特徴付ける生物を指標となる種に選定して継続的なモニタリングを行い、生息状況の悪化が見られた時には管理方法を柔

軟に見直すという考え方を取り入れた。

　また、知床の河川にはサケ類が産卵のために海から遡上し、ヒグマなど陸上動物の餌にもなっている。ダムなどの河川工作物がサケ類の遡上の障害になっていないかを点検し、改良の必要性の高いものから、そして防災への影響も考慮して実施可能なものから、ダムの堤体を切り下げるなどの改良を北海道森林管理局や北海道が中心となって進めている。既にサケ類の遡上や産卵場所が従来よりも上流まで拡がるといった効果が確認されている。

　これらのとりくみは、地域の関係者の参加・合意形成というボトムアップの手法と科学委員会の助言に基づく科学的なアプローチを組み合わせて生態系の保全・回復をめざした意欲的なチャレンジといえる。地元の漁師の方がいわれた「知床の自然を守る大切さは自然の厳しさや恵みを肌身に感じる自分たちが一番良く知っている」という言葉が私の心に残っている。これから数十年後に知床の自然がより良い状態に回復した時に、自然だけでなく地域の人たちの暮らしや営みが今よりも輝きを増す、そんな将来をめざしたい。

　日本最大の湿原である釧路湿原では、流域の森、川、湿原が一体となった生態系の回復を目標として、直線化された河川の蛇行化、消失・劣化した湿原や森林の再生などの試みが、関係省庁の連携とNPOはじめ多くの人たちの参加のもとに始まっている。大阪・岸和田のシンボルである神於山（こうのやま）では、行政とNPO・企業・農林漁業者などの連携・協働によって荒廃した里山の再生が進められている。今後、人口が減少し国土利用の再編が進むなど、社会全体が大きな変曲点に差し掛かっている今、知床をはじめ全国で動き始めた自然の保全・再生の試みにも学びながら、それぞれの地域の特性に応じて目標とすべき地域の将来像を描き、その実現に向けて多くの人たちが立ち上がることによって流れを変えていける……。人と自然の共生の実現に向かって。そして、そこに暮らす人たちが地域の自然に誇りを持つことができるように。

4. 私たちにできること

知床の漁業の営み　流氷がもたらす膨大な植物プランクトンを起点とした食物連鎖を通じて漁業資源を含む豊かな海の生態系が形成されている。

サケ類を捕まえるヒグマ　産卵のために川を遡上するサケ類はヒグマの貴重な餌ともなっている。豊かな海の恵みは森の生きものも育んでいる。

河川工作物の改良状況　サケ類の遡上を改善するため、イワウベツ川支流の治山ダムの堤体を1メートル低くすると同時に、堤体の上下流に自然石による傾斜を設けてダムの機能を維持するよう工夫した（写真左が改良前、右が改良後）。

上2点共／提供：知床博物館、下左右／提供：北海道森林管理局

自治体のとりくみ
コウノトリが自然の力を取り戻す

文／宮垣 均・豊岡市コウノトリ共生課

　2005年9月、コウノトリは豊岡の空を舞った。普段は静かな兵庫県立コウノトリの郷公園周辺に集まった約3500人の観衆から歓声が湧き起こった。秋晴れの空にコウノトリは静かに舞った。
　兵庫県の北部にある日本海に面したまち・豊岡では、一度絶滅した野生動物であるコウノトリを再び元の生息地である人里に帰すという世界的にも例がない野生復帰のとりくみを行っている。

コウノトリの絶滅と復活

　かつて、コウノトリは日本各地に生息していた。しかし、明治期になり、農業に被害を及ぼす「害鳥」であったコウノトリは、乱獲され、たった数十年の間に絶滅に近い状態にまで陥った。第二次世界大戦後には、豊岡を含む但馬地方と福井県の一部でしか確認されなくなった。そして、1971年、豊岡で国内最後の野生コウノトリが死亡し、コウノトリは日本の空から姿を消した。決定的な原因は、第二次世界大戦中の営巣木であるマツの伐採、戦後の河川改修やほ場整備による餌場となる氾濫原や湿地、湿田の消滅。止めを刺したのは、農薬などの使用によるフナやドジョウ、カエルなど餌となる小動物の激減と生物濃縮による有害物質の体内への蓄積だった。
　絶滅に先立つ1955年、豊岡では、減り続けるコウノトリを救おうと官民一体となった保護活動が始まり、1965年には、最後の手段として野外のコウノトリを捕獲し、人工飼育を始めた。しかし、既に

4. 私たちにできること

1960年8月、豊岡市内を流れる出石川の風景。12羽のコウノトリ、7頭の但馬牛、そして1人の農家の女性。みなが近くで暮らしていた。

2007年10月、約半世紀後の同じ場所を撮影。風景の中にコウノトリが戻ってきた。しかし、まだ牛と人の姿はない。一歩ずつ、一歩ずつ。

豊岡市コウノトリ復活への歩み

江戸時代	全国各地でコウノトリが見られる
1892	狩猟規制が公布されたがコウノトリは保護鳥とならず全国的にほぼ絶滅へ
1908	狩猟法が改正となりコウノトリも保護鳥に
第二次世界大戦	巣をかけるマツが伐採される
1950、60年代	河川改修とほ場整備、農薬の普及によって生息環境が悪化
1955	官民一体となった保護活動が始まる
1965	人工飼育の開始
1971	国内の野生コウノトリが絶滅
1989	人工繁殖に成功
1999	兵庫県立コウノトリの郷公園が開園
2000	豊岡市立コウノトリの文化館が開館
2005	飼育したコウノトリを初めて自然に放つ（自然放鳥）
2007	放鳥したコウノトリのペアが、国内では43年ぶりにヒナをかえす。ヒナも巣立った。

体内を蝕まれていたコウノトリは、卵を産むが、ヒナを孵すことはなかった。

　転機が訪れたのは、1985年のことだった。ロシアから健康な6羽の幼鳥が贈られ、その中からペアが誕生し、1989年、待望のヒナが誕生した。人工飼育から25年目の春だった。以来毎年のようにヒナが孵り、2002年には、100羽を超えるまでその数を増やした。そして、初めての自然放鳥から2年半が経過した豊岡では、今、18羽のコウノトリが悠然と空を舞っている。

生きものいっぱいの自然を取り戻す

　コウノトリの飼育数が100羽を超え、野生復帰も現実味を帯びてきた。豊岡市は、野外に放たれるコウノトリの受け皿を作ろうと様々なとりくみを行っている。そのとりくみの中心は農業である。コウノトリの重要な餌場となる田んぼにおいて生きものを増やすため、無農薬・無化学肥料栽培にとりくみ、NPOや兵庫県、JA等と連携し、安全・安心でおいしいお米と同時に生きものを育む農法である「コウノトリ育む農法」を体系化した。また、転作田を活用し田んぼをビオトープ化したり、かつて分断された水路と田面を魚道によって繋げたりもした。また、NPO法人コウノトリ市民研究所による「田んぼの学校」や豊岡盆地の生きもの調査、JAや農家も都市住民との田んぼの生きもの調査も行っている。

　2007年5月、放鳥したコウノトリのペアが国内では43年ぶりに1羽のヒナを誕生させた。2008年はさらに2ペアから3羽のヒナが孵り（2008年4月20日時点）、私たちの予想を超えたスピードで、野外のコウノトリは増えている。里地・里山の生態系の頂点に立つ大食漢のコウノトリが豊岡で暮らしていくためには、食糧増産、高度経済成長、バブルと続いてきた経済至上主義の中で、改変されてしまった田んぼや水路、河川、分断された水系ネットワークをできるところから再生し、小さな生態系ピラミッドを作り、それらをネットワーク化して大きな生態系ピラミッドを復活させてやることが必要で

ある。

　豊岡市では、兵庫県と連携して円山川下流域の城崎町戸島地区において湿地整備にとりくむほか、国土交通省の出石川流域での大規模湿地整備、兵庫県も行っている河川の自然再生による河川敷の湿地造成、市民有志の小規模湿地整備などが進んでおり、それらのネットワーク化により豊かな自然を再生・創造していこうとしている。

　他方では、自然と同様に、経済至上主義の中で変わってしまった私たちの生活様式や価値観も取り戻してやることが必要である。

　これまでのコウノトリと地域、人との関係をもう一度整理し、かつて、コウノトリを何気なく受け入れていた頃の"生きものいっぱいの自然"に変えていく。そんなコウノトリも住める豊かな"自然・文化環境"は人にとっても良いに決まっている。そうした意識の中で生きもの（自然）と共に暮らす"思想"が見えてくれば、日本の自然は、かつての姿を取り戻すだろう。

民間のとりくみ
市民の手で身近な自然を守る

文/廣瀬光子・(財)日本自然保護協会

　地域固有の財産としての自然資源を、どう将来世代に伝えていくかが、今、問われている。そのためにはまず今起きている変化を、正確にとらえることが大切だ。
　1949年、尾瀬の保護運動を契機に立ち上がった日本自然保護協会(NACS-J)は、ただ開発計画に反対するのではなく、科学的な調査に基づき、地域の自然をどのような形で保全・管理していくべきかについて提言を行ってきた。ここでは特に、近年NACS-Jが力を入れている干潟と里やま(里地里山)を対象とした活動の事例を紹介するとともに、みなさんが自分の活動場所で実際に保全策を立てるためのヒントについて述べたいと思う。

暮らしの中にある海を守る

　まず取り上げたいのは沖縄県沖縄市の泡瀬干潟だ。泡瀬干潟は市街地のすぐそばにあり、誰もが貝とり、たこ釣りなどができる、市民にとって身近な海。しかし近年「東部海浜開発事業」という埋立計画が突如始まり、干潟に大きな影響を与えることが心配されている。
　NACS-Jは泡瀬干潟自然環境調査委員会を立ち上げ、専門家や地元NPOの泡瀬干潟を守る連絡会らとも協力して、干潟の調査を実施してきた。その結果、2005年に発行された沖縄の絶滅危惧種を紹介する書籍『レッドデータおきなわ』の掲載種の内121種が生息することが確認され、しかも貝類だけに限っても600種以上も確認されるな

4. 私たちにできること

泡瀬干潟

町にも近い泡瀬干潟は人々の暮らしと密接に結びつく。写真は潮が引いた時をねらって、干潟の浅瀬でたこを捕る人。たこ釣りの道具は工夫が凝らされていて、人によって少しずつ違う。

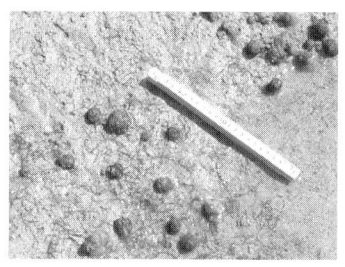

この干潟には希少生物も多く生息する。上は、世界的にも沖縄県の泡瀬ほかわずかに数カ所でしか確認されていない藻類で、絶滅危惧種に指定されているクビレミドロ。

中池見湿地

保全活動が始まった中池見湿地。しばらくの間放棄され、一面に広がっていたヨシやガマを刈り取り、復元した湿地に「ドロンコ」たちの歓声が響く。

開発計画中止後も、変化のツメ跡は大きく残る。上は仮設道路造成のために盛られた土砂の重さで湿地が沈み込んだためできてしまった池。

左上／撮影：水間八重、右上／撮影：(財)日本自然保護協会
左下／撮影：NPO法人ウェットランド中池見、右下／撮影：(財)日本自然保護協会

253

ど、生物多様性の豊かさは日本屈指の干潟であることが明らかになった。一方で、埋立事業の影響で、小魚たちのゆりかごとなる海草藻場が激減しつつあることもがわかってきた。

　これらの調査結果を用いて事業の見直しを提言し続けた結果、沖縄市による「東部開発海浜事業検討会議」設置につながった。情報公開のもと事業のあり方の検討が進み、市の活性化事業は必要だが、泡瀬干潟の自然は保全すべきで事業計画を見直す必要がある、という結論が出たことは一つの前進だといえる。ただ、その後、幅広い市民参加でさらに検討が進められているものの、保全対策の見直しさえ行われないまま、現在も埋立事業は進みつつある。

　地元NPOは埋立計画の見直しを求める活動とともに、泡瀬干潟の自然を体感するエコツアーも開始した。沖縄に行く機会があればぜひ泡瀬干潟に足を運び、このすばらしい自然を体験していただくとともに、この問題に興味を持っていただきたい。

地域の復元目標をつくる

　もう一つここで取り上げたいのが、中池見だ。敦賀市の市街地の東側、敦賀駅から2キロほどのところにある中池見湿地は、四方を山に囲まれた隠れ里のような湿地だ。中池見湿地では1990年代に大きな開発計画が持ち上がった。現在も中池見の保全のために活発に活動している地元NPOウェットランド中池見は、自然観察会や調査活動、シンポジウムなどを開催し、またNACS-Jとも協力して中池見湿地の保全を求め、結果として開発計画は中止となった。しかし、当時一面の田んぼだった湿地は、土地の買い上げによりヨシやガマなどの茂る休耕田となった。また湿地内に造成された工事用仮設道路の周辺が盛られた土砂の重さで沈み、以前にはなかった池ができてしまい、中池見湿地の自然は大きく変化した。

　このような中で、残された環境の重要性と過去の調査や保全活動の実績から、中池見湿地は2003年に「モニタリングサイト1000」里地調査のコアサイトに選ばれた。これは環境省の事業で、全国に約

1000カ所の調査地を設け、生物多様性を適切に保全するために、100年にわたり自然環境のモニタリングをするものだ。里地の調査はNACS-Jが運営しており、全国に200カ所程の調査地を設置した。中でも豊かな自然が残され、総合的な調査を長期間実施するコアサイトは、中池見湿地を含め全国に18カ所しかない。この調査によって、中池見湿地の自然の変化が明らかになりつつある。

　さらに近年、新たな中池見湿地の保全活動が始まった。NACS-Jも協力し、過去の観察会の記録やモニタリング調査の結果を使って、湿地の復元目標とその設計図ができたのだ。中池見の復元目標のテーマは「いきもの不思議の国」。多くの生きものが暮らし、また訪れる人がいつも生きものと出会い、わくわく・どきどきするような中池見を目指している。マップでは早急な対策が必要な修復ゾーン、観察会等で活用するゾーン、長期的に保全する学術調査ゾーンなど、とるべき保全対策ごとに湿地のエリア分けを行い、対策の優先順位や、保全への具体的な活動メニューを明確にした。その結果、保全・再生や活用のイメージを関係者で共有できるようになった。

　復元計画の第一歩として、休耕田を一部復田すると、近年減少しつつあったホタルが中池見に戻ってきた。湿地で遊ぶ子供たちの歓声も聞こえるようになった。地権者である敦賀市とも協力して、これからさらに中池見の復元計画が進んでいくことが期待される。

地域の自然を未来に引き継ぐために

　まさに保全と再生が進もうとしているこれらの場所では、市民の力が大きな役割を果たしている。まずは自分の暮らす地域の自然を見つめ直し、どんな形で未来の世代に引き継ぐか、それを考えることから始めてほしい。地域の歴史・文化・自然・暮らしを見つめて記録を残すことは、そこに暮らす人にしかできないとても大切な仕事だ。残された記録は、未来を描くための大切な資料になる。ぜひみんなの力で夢のある地域の未来像を作ってほしい。

研究者のとりくみ
サクラソウ咲く新しい里山の再生
鷲谷いづみ

　ここでは、現在「鎌ひとつで」実施している里山の生物多様性再生の実践について紹介したい。現場は北海道日高地方。カシワやミズナラなど落葉樹の林が拡大造林の時代にカラマツの人工林に変えられ、その後伐採された場所である。周囲はサラブレッドを育てる牧場で、外来牧草の群落ばかりのような単調な景観が広がる。その地域でサクラソウの保全生態学の研究を10年余続け、2000年にサクラソウの保護や系統保存と小規模な自然再生のための用地としてカラマツ林の伐採跡地0.5ヘクタールを個人で購入した。自ら鎌でササを刈り、ツルを切るなどして管理し、サクラソウのほか、多様な花とその花粉を運ぶ共生昆虫の多様性を高めつつある。10年近く管理を続けてきたが、季節を変え年10日ほど働けば理想像に近づけることができそうだとの手応えを得ている。1年ごとに自然が蘇るさまを確認できる仕事であり、やりがいがある。

休耕田を湿地として管理
紙谷智彦

　新しい手法を用いた森林管理の実験などを行っているが、ここで紹介したいのは、ある湿地の再生に関するプロジェクトだ。新潟平野は国内最大の稲作地帯で、かつては信濃川と阿賀野川の大氾濫原地帯であった。しかし、近年、3割が休耕田となっており、転作が行われない場合には乾燥した水田に除草剤が撒き続けられている。そこで、休耕田を湿地として管理することにより、かつての氾濫原に似た環境を創出するとりくみを行っている。段差の大きな排水路との間に魚道を設置したところ、ギンブナが遡上し稚魚が誕生。また、ガマの群落には水鳥のバンが繁殖した。

湿地ができる前（上）と後（下）

4. 私たちにできること

市民から行政まで一体となる再生を

高橋佳孝

　高校時代に修学旅行ではじめて訪れた島根県三瓶山の美しさに魅せられ、草原の研究を仕事に選んだ。草原生態系の復元にかかわり、「草と牛の利用により、農業・農村を元気づけ、食と環境を守る」技術の普及に奔走中だ。専門は草原生態学だが、畜産と草地の関係だけでなく、自然環境、地域社会振興など幅広い分野に関心を持ち、草原にまつわる問題を、農畜産業や文化景観の視点から幅広く調査研究している。全国草原サミットの開催にも尽力し、2007年には「全国草原ネットワーク」を立ち上げた。また、過去に損なわれた生態系その他の自然環境を取り戻すことを目的とした自然推進法に基づいて2005年に発足した「阿蘇草原再生協議会」会長として、人と牛が共生する草原の再生にとりくんでいる。その他にも、西日本を中心に、地域の農家、市民、行政の一体的な草地・里山再生へのとりくみと生物多様性の保全、未利用草資源を活用した放牧の普及に従事している。

蕪栗沼での湿地復元

呉地正行

　面積約150ヘクタールの宮城県・蕪栗沼は、2005年に周辺水田を広く含めた世界初のラムサール条約湿地「蕪栗沼・周辺水田」となった。研究活動の一つとして、この地域の保全にとりくんでいる。ガン類の国内最大級の越冬地で、生物多様性の高い沼であるが、同時に洪水対策のため、周辺水田を含めて遊水地として管理されてきた。一時、県が遊水地機能の低下を理由に、沼の全域を1メートル掘り下げようとしたが、沼の自然環境を壊してしまうこの計画の中止を、住民運動を通じて実現した。一連の保全運動の中で大きな成果の一つは、蕪栗沼に隣接する50ヘクタールの水田を、地域合意を得て最大水深80センチほどの湿地に復元できたこと。さまざまな生きものがよみがえり、夏には多数のサギ類が飛来し、冬には警戒心が強いガン類の大群がねぐらとして利用するようになり、蕪栗沼全体のガン類の環境収容力が倍増した。

生きものにぎわいの場を創造する

森本幸裕

　大学院生のとき、京都大学の芦生演習林に行き、自然環境の保全・再生に目覚めた。大阪万博記念公園自然文化園の設計に参加し、その後約40年モニタリング（樹林や生物など生態系の変化を監視すること）を続け、最適な方針の仮説を立てながら管理を行う"順応的管理"に貢献している。また、京都市梅小路公園のビオトープ「いのちの森」を企画段階から指導。この場所は、かつてのJR操車場で、自然とは遠く面積も限られた場所だったが、ここに可能な限り「山城原野」の再現を試みている。モニタリンググループを組織し自然観察会などを10年以上継続している。

梅小路公園の「いのちの森」

鬼怒川流域の希少種を守る

須田真一、西廣 淳

　東京大学保全生態学研究室が関わる研究・実践の一つに、栃木県鬼怒川の河川敷に生息するシルビアシジミの保全がある。これは、「うじいえ自然に親しむ会」のメンバーを中心とする地域住民、国土交通省、私たちの研究室が共同で進めている活動だ。シルビアシジミは、全国的に著しく減少し、絶滅リスクが極めて高い種だ。分布北限域である関東地方では、千葉県と栃木県のごく一部に見られるばかり。鬼怒川中流域では、1990年代後半より、外来植物のシナダレスズメガヤの繁茂に伴い砂礫質河原の動植物の急速な衰退が起こった。そのため、2002年より前述の3者による活動を開始。シルビアシジミの幼虫の食草となるミヤコグサの生育環境を整えるため、シナダレスズメガヤを抜き取るなどの活動を行い、チョウの生息域の保全を行ってきた。さらに、河川の洪水に伴う砂礫の供給など、より根本的な問題の解決を図るため、多様な分野の専門家を交えた検討が開始されている。

4. 私たちにできること

"目に見えない"海の生きものを守る

向井 宏

　海の生きものといえば、食べ物としか認識していない人が多いが、人の食物とならない海の生きものはきわめて多様である。しかし、研究も少なく人々の目に触れることも少ないために、人知れず多くの海の生きものが日々絶滅しつつある。私は海の生きものの生態を研究するうちに、海岸や沿岸の生きものの環境が防災のために、また経済発展のため破壊されてきている現実を知った。私たちは海の恵みを享受できなくなる事態に直面している。そこで北海道大学を退職したことをきっかけに、研究者と市民を繋げた沿岸環境の保護運動をやろうと「海の生き物を守る会」を立ち上げ活動を始め、日本各地の海で講演会や観察会、研修会などを開き市民に海の生きものについて体感してもらうことを勧めている。一方、北海道野付半島の貴重な自然を守るため、自治体の政策に環境保全をどのように取り入れてもらうかを話し合うワークショップを開き行政への提言も行っている。

干潟のおもしろさを伝える

風呂田利夫

　多摩川河口の生態系保全研究として、国土交通省の委託を受け、飛行場拡張に伴う環境影響評価と保全策の提言に向けた研究を、多くの地域NPOなどとともに実施している。また、東京湾内に、人為的影響のもとで成立している干潟環境における生物の調査結果から、人工的な干潟を造成することで三番瀬の自然地形を再生し、希少生物の回復、環境学習の進展、地域と東京湾との繋がりを促進することを提案している。また、約20の学会の参加する東京湾海洋研究委員会の委員長を務め、東京湾の環境再生について、20年後から100年後の未来を検討中。担当する関東地方でも、近年多くの干潟生物が危機的状況になりつつあることを、これまでの資料整理と現地調査結果をもとに警告している。また、干潟生物の観察法に関する書籍を出版するなど、干潟のおもしろさを伝えるインタープリターをめざしている。

サンゴを育て、海の再生を図る

岡本峰雄

　温暖化が進む中、いったん死んだサンゴの多くは、ほうっておいて回復するという状況にない。そこで、その再生のため行っているのが、サンゴの卵が着床しやすい形の"着床具"の開発だ。サンゴの幼生の成長過程を研究した上で、2002年に最初のものを作製した。これは、サンゴが嫌がらない素焼きの瀬戸物からできている。約2万個の着床具をサンゴの一斉産卵の直前に海に沈めたところ、うまく着床した。着床具はサンゴの幼生を外敵から守り、1年半ほどで成長したら、直接触れずに海底に移植できるような構造にしている。この実験は、主に石西礁湖で行っている。

着床具の上に育つサンゴ

海中林の修復と管理に向けた技術開発

谷口和也

　宮城県松島湾、福島県いわき市、秋田県八森町岩館など多くの磯焼けした海域で、スキューバ潜水を駆使し、さまざまな修復技術の開発によって海中林の造成を成功させてきた。地球温暖化が進行する現在、自然環境そのものが重大な変化を遂げているため、海中林の造成は非常に困難な事態に直面している。そこで、農林畜水産の廃棄物や生ゴミをメタン発酵させてエネルギーを得るとともに、その副産物である栄養豊富な消化液を用いて海域を肥沃化することで海中林を修復する新しい技術の構築を試みている。これは、自身が参加する、環境と経済とが両立する循環型流域経済圏の構築を目指すNPO「いわて銀河系環境ネットワーク」でも進めているプロジェクト。岩手県広田湾で海中林の造成を中核とする豊かな地域社会のモデルを提示したいと考えている。また、磯焼けが50年以上も続く北海道日本海沿岸でも新しい修復技術の実証実験を開始した。

水の中の生きものの環境を守る
小林 光

　子供の頃、毎年の夏休みに千葉県香取市佐原の水郷で魚遊びをして以来の魚好き。環境省の「緑の国勢調査」の企画、「日本の重要湿地500」の選定作業などに関わったのが縁で、水生生物保全研究会を設立し、淡水魚類をはじめ水の生きものの生息地の保全のために活動。最近では、外来魚ブラックバスなどの防除を目的として設立された「全国ブラックバス防除市民ネットワーク」に参画、事務局長を務める。

湖沼生態系の病状に適切な処方箋を
高村典子

　湖・沼・池の生態系の病状を診断し、再生のための処方箋を考えることが、湖沼の環境を研究してきた今の私の仕事だ。現場では、五感で自然のさまを観察し、そして、調査で係わるさまざまな人々との交流を通して、その働きかけを学びながら、再生の方法を考えることが日常の一部となっている。現在は、霞ヶ浦、釧路湿原の湖沼、兵庫県北播磨・東播磨地域のため池群、土浦市宍塚大池などで調査・実験を行なっている。

キャンパスを里山に
細谷和海

　近畿大学農学部は1989年、東大阪市から現在の奈良キャンパスに移転。約100ヘクタールのキャンパスの西奥はそのまま森林につながり、反対側の東斜面は住宅地に囲まれ、まさに里山環境の中にある。1960年代までは盛んに稲作がなされていた場所で、キャンパス内には放棄された棚田、隠し田、ため池が散在している。近畿大学では里山修復プロジェクトを立ち上げ、キャンパスを昔ながらの里山に復活させようと試みている。すでにカスミサンショウウオやオオムラサキなどの野生生物保護区が設定され、棚田が復活し、ため池は外来魚が駆除され希少魚ビオトープに生まれ変わった。この試みは、文部科学省による環境教育のモデルにもなっている。

海岸植物の保全の研究
由良 浩

　海岸や湿地、乾燥地など物理的環境の厳しい場所に生える植物がどのようにしてその厳しい環境を克服して生きているのかを解明することを、研究のメインテーマとしている。自然保護協会が、2003〜2007年にかけて行った市民参加の海岸植物群落調査に協力。また、各所からの海岸植物の保全に関する相談などを受けている。

参考文献

<2章>
●森林

梅原 猛ら（1995）『ブナ帯文化』新思索社

大住克博ら（2005）『森の生態史—北上山地の景観とその成り立ち』古今書院

黒田慶子（編著）（2008）『ナラ枯れと里山の健康』全国林業改良普及協会

森林施業研究会（編）（2007）『主張する森林施業論 22世紀を展望する森林管理』日本林業調査会

中静 透（2004）『森のスケッチ』東海大学出版会

二井一禎（2003）『マツ枯れは森の感染症』文一総合出版

湯本貴和・松田裕之（編）（2007）『世界遺産をシカが喰う シカと森の生態学』文一総合出版

●草原

岩城英夫（1971）『草原の生態』共立出版

水本邦彦（2003）「草山の語る近世」『日本史リブレット』52　山川出版社

中堀謙二（2003）「肥料が変えた里山景観」信州大学農学部森林科学研究会（編）『森林サイエンス』川辺書林

大窪久美子・土田勝義（1998）「半自然草原の自然保護」沼田 眞（編）『自然保護ハンドブック』朝倉書店

●湿地

柏市史編さん委員会（1984）「明治から昭和」『歴史アルバムかしわ』

加藤 徹（石巻市市史編さん委員会編）（1996）『北上川の改修工事　石巻の歴史』5

環境省（2007）『自然との共生を目指して』

草野貞弘（1981）『美唄湿原の花』らいらっく書房

草野貞弘（2001）「第一部　沼の記帳録.かりまんとう」『美唄の沼』

呉地正行（1997）「水鳥から見た伊豆沼・内沼の自然とその変遷」『みやぎの自然』

呉地正行（2007）「水田の特性を活かした湿地環境と地域循環型社会の回復：宮城県・蕪栗沼周辺での水鳥と図遺伝農業の共生をめざす取り組み」『地球環境』12

国土地理院（2007）『サロベツ地区湖沼湿原調査報告書』国土地理院技術資料D・1－No.457.

斉藤源三郎（1930）「千葉県下の共同狩猟地の概況（一）」『鳥』30

斉藤源三郎（1931）「千葉県下の共同狩猟地の概況（二）」『鳥』31

杉沢拓男（2000）『自然ガイド　釧路湿原』北海道新聞社

辻井達一・岡田 操・高田雅之（編著）（2007）『北海道の湿原』

富樫千之・加藤 徹（1994）「宮城県仙北平野の主な池沼干拓と揚水機設置」『宮城県農業短期大学学術報

告』42

新潟市(2006)『佐潟周辺自然環境保全計画』

星野七郎(1986)『手賀沼の今昔』崙書房

宮林泰彦編(1994)『ガン類渡来地目録』1 雁を保護する会

山階鳥類研究所(1988)『手賀沼1990年代の課題―鳥と人との共存―』国際文献印刷社.

●里地里山

石井 実・上田邦彦・重松敏則(1993)『里山の自然をまもる』築地書館

小椋純一(1992)『絵図から読み解く人と景観の歴史』雄山閣

閣議決定(2007)『21世紀環境立国戦略』

環境省(2004)『里地里山パンフレット～古くて新しいいちばん近くにある自然～』

四手井綱英(2000)「里山のこと」『関西自然保護機構機関紙』22

田村説三(1988)「村むらからみた里山の自然と人びとのくらし」『小川町の歴史別冊―絵図で見る小川町』

千葉徳爾(1991)「はげ山の研究」『そしえて』

中央環境審議会(2007)『21世紀環境立国戦略の策定に向けた提言』

原田泰司(1988)『ふるさとの詩―原田泰司の世界』朝日新聞社

森本淳子・森本幸裕(2001)「関西における里山の変貌―京都周辺を例に」武内和彦ら(編)『里山の環境学』東大出版会

森本幸裕(2001)「丘陵地の湿地環境と生物多様性」武内和彦ら(編)『里山の環境学』東大出版会

森本幸裕(2008)「生物多様性と里山―ランドスケープの視点から」『季刊環境研究』148

守山 弘(1988)「自然を守るとはどういうことか』農村漁村文化協会

山本勝利(2000)「里地におけるランドスケープ構造と植物相の変容に関する研究」『農業環境研究所報告』20

●川・湖沼

沖縄県教育文化資料センター(1996)「消えゆく沖縄の山・川・海」環境・公害環境研究委員会(編)『環境読本』沖縄時事出版

小倉紀雄・河川生態学術研究会多摩川研究グループ(2004)『水のこころ誰に語らん～多摩川の河川生態』財団法人リバーフロント整備センター

川辺信康(2000)『川辺信康写真集―おおがたの記憶』カッパンプラン

鴻野伸夫(2002)『思い出の水郷―鴻野伸夫写真集』常用新聞新社

坂本 清(1976)『目で見るふるさと 霞ヶ浦―その歴史と汚濁の現状』崙書房

さくら市ミュージアム編(2007)『大いなる鬼怒川(第62回企画展図録)』さくら市ミュージアム

須藤 功（2005）「川と湖沼」『写真ものがたり-昭和の暮らし』5　農山漁村文化協会
東京都建設局西部公園事務所・井の頭自然文化園管理事務所編（1992）『井の頭自然文化園50年の歩みと将来　開園50周年記念誌』井の頭自然文化園管理事務所
身近な水環境研究会編（1996）『都市の中に生きた水辺を』信山社

●海岸

宇多高明（2004）『海岸侵食の実態と解決策』山海堂
加藤 真（1999）『日本の渚-失われゆく海辺の自然-』岩波書店
環境庁自然保護局（1982）『日本の自然環境』環境庁
日本生態学会生態系管理専門委員会（松田ら）（2005）「自然再生事業指針」『保全生態学研究』10

●干潟

風呂田利夫・小島茂明（1999）「ウミニナ類の研究」『日本ベントス学会 第13回大会要旨集』81
風呂田利夫（2003）「沿岸生態系の構造・機能と調査法」『地球環境調査計測辞典』フジ・テクノシステム
市川市・東邦大学理学部東京湾生態系研究センター（編）（2007）『干潟ウォッチングフィールドガイド』誠文堂新光社
環境省（2008）『干潟生態系に関する環境影響技術ガイド』

●サンゴ礁

Brown, B.E., *et al* (2002) Exploring the basis of thermotolerance in the reef coral Goniastrea aspera. *Mar. Ecol. Prog. Ser.*, 242.

Glynn, P.W. (1991) Coral reef bleaching in the 1980s and possible connections with global warming. *Trend Ecol. Evol.*, 6.

Glynn, P.W. (1993) Coral reef bleaching: ecological perspective. *Coral Reefs*, 12.

Hoegh-Guldberg, O. (1999) Climate change, coral bleaching and the future of the world's coral reefs. *Mar. Freshwater Res.*, 50.

Huges, T.P. (1994) Catastrophes, phase shifts, and large-scale degradation of a Caribbean coral reef. *Science*, 265.

Jackson, J.B.C., *et al* (2001) Historical overfishing and the recent collapse of coastal ecosystems, *Science*, 293.

McClanahan, T.R., *et al* (2001) Coral and algal changes after the 1998 coral bleaching: interaction with reef management and herbivores on Kenyan reefs. *Coral Reefs*, 19.

McCock, L.J., *et al* (2001) Competition between corals and algae on coral reefs: a review of evidence and mechanisms. *Coral Reefs*, 19, 400-417.

Okamoto M, et.al (2007) Temperature environment during coral bleaching events in Sekisei Lagoon. Bull. Jpn. Soc. Fish. Oceanogr,71, 112-121.

Wooldridge, S. and T. Done (2004) Learning to predict large-scale coral bleaching from past event: A Bayesian approach using remotely sensed

亀崎直樹・宇井晋介（1984）「八重山諸島における造礁サンゴ類の白化現象」『海中公園情報』61

環境省（2004）『日本のサンゴ礁』

石西礁湖自然再生協議会（2007）『石西礁湖自然再生全体構想』

森美枝（1995）『石西礁湖におけるイシサンゴ類とオニヒトデの推移『海中公園情報』107

西平守孝・Veron,J.E.N.（1996）『日本の造礁サンゴ類』海游舎

野島哲（2006）「造礁サンゴの個体群生態」菊池泰二（編）『天草の渚』東海大学出版会

●海中林

谷口和也（1998）『磯焼けを海中林へ－岩礁生態系の世界－』裳華房

谷口和也（1999）：谷口和也（編著）『磯焼けの機構と藻場修復』恒星社厚生閣

吾妻行雄（2001）「ウニの食生活」本川達雄（編）『ヒトデ学－棘皮動物のミラクルワールド』東海大学出版会

谷口和也（2006）「温暖化傾向下の東北・北海道の海と漁業」谷口和也（編著）『月刊海洋』38

谷口和也ら（2008）谷口和也・吾妻行雄・嵯峨直恆（編）『磯焼けの科学と修復技術』恒星社厚生閣（印刷中）

<3章>

武内和彦・鷲谷いづみ・恒川篤史（2001）『里山の環境学』東京大学出版

鷲谷いづみ（2001）『生態系を蘇らせる』日本放送出版協会

鷲谷いづみ（2004）『自然再生 持続可能な生態系のために』中央公論新社

鷲谷いづみ・武内和彦・西田睦（2005）『生態系へのまなざし』東京大学出版

鷲谷いづみ（2006）『天と地と人の間で：生態学から広がる世界』岩波書店

鷲谷いづみ（2006）『サクラソウの目：繁殖と保全の生態学　第2版』地人書館

鷲谷いづみ（2006）『生物多様性と農業』家の光協会

鷲谷いづみ（編）（2006）『コウノトリの贈り物』地人書館

鷲谷いづみ（2007）「氾濫原湿地の喪失と再生：水田を湿地として活かす取り組み」『地球環境学術会議　自然環境保全再生分科会　生物多様性国家戦略改定に向けた学術分野からの提案』
http://www.scj.go.jp/ja/info/kohyo/pdf/kohyo-20-t42-3.pdf

鷲谷いづみ・後藤章（絵）（2008）『絵でわかる生態系のしくみ』講談社

著者略歴

(敬称略)

鷲谷いづみ（わしたに・いづみ）（編者）
理学博士。1978年東京大学大学院理学系研究科修了。2000年より東京大学大学院農学生命科学研究科教授。中央環境審議会委員、日本学術会議会員。専門は生態学・保全生態学。現在は生物多様性農業と自然再生に係わる広いテーマの研究にもとりくむ。近著『絵でわかる生態系のしくみ』（講談社）ほか著作多数。

紙谷智彦（かみたに・ともひこ）
農学博士。1977年新潟大学大学院農学研究科修士課程修了。林野庁などを経て、2000年より新潟大学自然系教授（大学院自然科学研究科担当）。専門は森林生態学、植物生態学。日本学術会議連携会員。著書に『生態学からみた身近な植物群落の保護』（共著、講談社サイエンティフィク）など。

高橋佳孝（たかはし・よしたか）
（独）農業・食品産業技術総合研究機構 近畿中国四国農業研究センター主任研究員。1979年農林水産省入省、2001年より上記研究センターに勤務、現在に至る。全国草原再生ネットワーク会長、阿蘇草原再生協議会会長、中央環境審議会臨時委員。著書に『里山を考える101のヒント』（共著、日本林業技術協会）など。

呉地正行（くれち・まさゆき）
1977年東北大学理学部物理学科卒業。「日本雁を保護する会」会長。NPO法人「蕪栗ぬまっこくらぶ」副理事長、NPO法人「田んぼ」理事、環境省・希少野生動物種保存推進員。2001年「みどりの日」自然環境功労者環境大臣表彰（保全活動部門）。著書に『温暖化と生物多様性』（共著、築地書館）ほか。

森本幸裕（もりもと・ゆきひろ）
農学博士。京大大学院農学博士課程修了。京都芸術短期大学教授、京都造形芸術大学教授、大阪府立大学教授を経て、現在、京都大学大学院地球環境学堂教授。専門は環境デザイン学、景観生態学。編著書に『いのちの森～生物親和都市の理論と実践』（京都大学学術出版会）など。

西廣 淳（にしひろ・じゅん）
博士（理学）。1999年に筑波大学生物科学研究科修了後、建設省土木研究所（現・国土交通省国土技術政策総合研究所）環境部緑化生態研究室の任期付研究員を経て、2001年から東京大学大学院農学生命科学研究科保全生態学研究室に入り、現在助教授。専門は植物生態学および保全生態学。

須田真一（すだ・しんいち）
東京農業大学農学部卒。建設省土木研究所環境部重点研究支援協力員を経て、2001年より東京大学農学生命科学研究科保全生態学研究室特任研究員。

向井 宏（むかい・ひろし）
理学博士。1971年広島大学大学院理学研究科修了。北海道大学大学院環境科学研究科教授を2007年退官、2008年10月より京都大学フィールド科学研究教育センター特任教授。専門は海洋生物の生態学。「海の生き物を守る会」代表。著書に『サンゴ礁 生物が作った<生物の楽園>』（共著、平凡社）など。

風呂田利夫（ふろた・としお）
理学博士。九州大学大学院理学研究科修了。東邦大学理学部生命圏環境科学科教授、同大学理学部東京湾生態系研究センター長を兼務。専門分野は海洋生物生態学。主な研究課題はベントス（底生生物）の個体群ならびに群集生態学。アメリカ商務省NOAA訪問研究員。著書に『東京湾の生物誌』（共著、築地書館）など。

岡本峰雄（おかもと・みねお）
水産学博士。東京海洋大学海洋科学部海洋環境学科准教授。1973年 鹿児島大学水産学部増殖学科卒業後、海洋科学技術センター、東京水産大学（現・東京海洋大学）助教授などを経て、2007年より現職。呼吸モニタリング装置やサンゴ礁の人工増殖具及び増殖方法で特許を持つ。『沿岸の環境圏』（共著、フジ・テクノシステム）

谷口和也（たにぐち・かずや）
水産学博士。1973年北海道大学大学院水産学研究科博士課程単位取得退学。水産庁東海区水産研究所、日本海区水産研究所、東北区水産研究所を経て、1996年から東北大学大学院農学研究科教授。専門は、藻類学、水圏植物生態学。主な著書に『磯焼けの機構と藻場修復』（恒星社厚生閣）など。

小林 光（こばやし・ひかり）
東京大学農学部卒。国立公園レンジャー、東宮侍従、環境省自然環境局長を経て、現在（財）自然環境研究センター副理事長。食料・農業・農村政策審議会臨時委員。東京大学・近畿大学で非常勤講師として「自然保護論」を講義。

高村典子（たかむら・のりこ）
学術博士。1979年奈良女子大学理学研究科修士課程終了後、国立公害研究所（現・国立環境研究所）に入所。現在、（独）国立環境研究所 環境リスク研究センター 生態系影響評価研究室室長および東京大学大学院農学生命科学研究科連携併任教授。専門は陸水生態学。

細谷和海（ほそや・かずみ）
農学博士。1975年京都大学農学部卒業。水産庁養殖研究所、水産庁中央水産研究所を経て2000年より近畿大学大学院農学研究科教授。専門は魚類学、保全生物学。著書に『ブラックバスを退治する』（共編、恒星社厚生閣）ほか。

由良 浩（ゆら・ひろし）
理学博士。1989年東京大学大学院理学系研究科修了。1988年から千葉県立中央博物館勤務。現在上席研究員。専門は植物実験生態学。主な著書に『植物群落モニタリングのすすめ』（共著、文一総合出版）ほか。

渡辺綱男（わたなべ・つなお）
1978年に東京大学農学部林学科卒業後、環境庁（現・環境省）入庁。2001年、生物多様性企画官として「新・生物多様性国家戦略」の策定を担当。その後、東北海道地区自然保護事務所長を経て、現在、環境省自然環境計画課長。

宮垣 均（みやがき・ひとし）
京都工芸繊維大学卒。1999年より豊岡市役所に勤務、2002年、新設されたコウノトリ関連施策を担当するコウノトリ共生推進課に配属。コウノトリ野生復帰事業を担当。2006年よりコウノトリ共生部コウノトリ共生課に配属。

廣瀬光子（ひろせ・みつこ）
1998年千葉大学大学院自然科学研究科博士前期課程修了。（株）長大環境関係事業部で、環境アセスの業務に携わった後、2001年より（財）日本自然保護協会保全研究部所属。専門は植物生態学、自然環境保全。

第1章写真解説
（下記の解説以外は、各分野解説の執筆者または編集部が作成）

＜里地里山＞
・滋賀県・仰木（46ページ）相田 明（岐阜県立国際園芸アカデミー准教授）
・京都府・岩倉（46ページ）小椋純一（京都精華大学人文学部教授）
・京都府・上世屋（47ページ）深町加津枝（京都府立大学大学院生命環境科学研究科環境科学専攻准教授）
・広島県・灰塚ダム（49ページ）栗本修滋（栗本技術士事務所代表／大阪大学特任教授）
・和歌山県・古座川、橋杭岩、西向海岸（51ページ、54ページ）梅本信也（京都大学フィールド科学教育研究センター紀伊大島実験所所長）
・広島県・ため池（55〜57ページ）下田路子（富士常葉大学環境防災学部教授）
・兵庫県・神戸市（ため池、57ページ）高村典子（（独）国立環境研究所 環境リスク研究センター 生態系影響評価研究室室長）

＜海岸＞
・千葉県・稲毛浅間神社（69ページ）白井 豊（千葉県立中央博物館 主席研究員（兼）環境教育研究科長）

＜干潟＞
・長崎県・諫早湾（76〜80ページ上）中尾勘悟（写真家）
・和歌山県・和歌浦、池田浦（82ページ、85ページ）古賀庸憲（和歌山大学教育学部生物学教室教授）
・千葉県・出洲海岸（83ページ）白井 豊（同上）

消える日本の自然
〜写真が語る108スポットの現状〜

2008年9月12日　初版1刷発行

鷲谷いづみ 編

発　行　者　　片　岡　一　成
印刷所・製本所　㈱シ　ナ　ノ
発　行　所　　㈱恒星社厚生閣

〒160-0008　東京都新宿区三栄町8
TEL：03(3359)7371(代)
FAX：03(3359)7375
http://www.kouseisha.com/

（企画・編集協力）　大塚千春
（デザイン・カラー頁レイアウト）　丸塚久和

（定価はカバーに表示）

ISBN978-4-7699-1086-2　C1040

好評発売中

瀬戸内海を里海に
瀬戸内海研究会議 編　B5判/118頁/並製/定価2,415円

自然再生のための単なる技術論やシステム論ではなく，人と海との新しい共生の仕方を探り，「自然を保全しながら利用する，楽しみながら地元の海を再構築していく」という視点から，瀬戸内海の再生の方途を包括的に提示する．豊穣な瀬戸内海を実現するための核心点を簡潔に纏めた本書は，自然再生を実現していく上でのよき参考書．

里海論
柳　哲雄 著　A5判/112頁/並製/定価2,100円

「里海」とは，人手が加わることによって生産性と生物多様性が高くなった海を意味する造語．公害等による極度の汚染状態をある程度克服したわが国が次に目指すべき「人と海との理想的関係」を提言する．人工湧昇流や藻場創出技術，海洋牧場など世界に誇る様々な技術に加え，古くから行われてきた漁獲量管理や藻狩の効果も考察する．

有明海の生態系再生をめざして
日本海洋学会 編　B5判/224頁/並製/定価3,990円

諫早湾締め切り・埋立は有明海の生態系にいかなる影響を及ぼしたか．干拓事業と環境悪化との因果関係，漁業生産との関係を長年の調査データを基礎に明らかにし，再生案を纏める．本書に収められたデータならびに調査方法等は今後の干拓事業を考える際の参考になる．各章に要旨を設け，関心のある章から読んで頂けるようにした．

明日の沿岸環境を築く
日本海洋学会 編　B5判/並製/220頁/定価3,990円

埋立て，干拓など開発事業による海洋生態破壊をいかに防ぐか．1973年発足以来環境問題に取り組んできた日本海洋学会環境問題委員会が総力を挙げて作成．第I章過去の環境アセスメントの実例と新たな問題の整理．第II章長良川河口堰，三番瀬埋立てなどの問題点．第III章生態系維持のためのアセスメントの在り方．第IV章社会システムの在り方．